油气藏内多成因多期次天然裂缝系统评价技术

邓虎成　周　文　等著

U0302746

科学出版社

北　京

内 容 简 介

油气藏内多期次多成因天然裂缝系统是在漫长地史演化过程中，经历多期复杂构造运动作用而形成的，具有多期叠加、多成因交织、控制因素复杂、预测难度大等特点。本书根据多期次多成因天然裂缝特征，形成油气藏内多成因多期次天然裂缝系统评价技术，该项技术包括：基于野外调查和现场岩心描述为基础的天然裂缝系统鉴定、统计、分析技术，井剖面天然裂缝系统识别技术，结合地质力学环境（外因）和岩石力学性质（内因）的天然裂缝期次和成因划分与确定方法，基于分期、分成因的天然裂缝子系统划分与分布预测评价，以及天然裂缝子系统的叠加分布综合预测评价技术。

书中汇集鄂尔多斯盆地、四川盆地、塔里木盆地、泌阳凹陷等 10 多个油气田以及中东部分油田的天然裂缝研究成果，详细论述了油气藏内多成因多期次天然裂缝系统评价技术的具体应用。本书可以为从事油气地质、构造地质、油气藏工程等领域的专家及同行提供参考，也可以作为硕博士研究生的参考书籍。

图书在版编目(CIP)数据

油气藏内多成因多期次天然裂缝系统评价技术 / 邓虎成，周文著. —北京：科学出版社，2015.9
ISBN 978-7-03-049950-9

Ⅰ.①油… Ⅱ.①邓… ②周… Ⅲ.①裂缝性油气藏-系统评价-研究- Ⅳ.①TE344

中国版本图书馆 CIP 数据核字（2016）第 225516 号

责任编辑：杨 岭 冯 铂 / 责任校对：韩雨舟
责任印制：余少力 / 封面设计：墨创文化

科学出版社 出版
北京东黄城根北街16号
邮政编码：100717
http://www.sciencep.com

成都锦瑞印刷有限责任公司 印刷
科学出版社发行 各地新华书店经销

*

2016 年 9 月第 一 版 开本：787×1092 1/16
2016 年 9 月第一次印刷 印张：18.25
字数：430 千字
定价：188.00 元
（如有印装质量问题，我社负责调换）

国家自然科学基金(编号：41202096)

高等学校博士点基金项目(编号：20105122120006)

油气藏地质及开发工程国家重点实验室项目(编号：SK-1001)

四川省教育厅创新团队项目(编号：14TD0008)

四川省教育厅科研基金项目(编号：09ZC027)

中石化、中石油科研项目(编号：2001-05、2001-KY11-9、DK2002-02、2008-007、2008-305、2009-624、2011-434、2012-001)

油气藏内多成因多期次天然裂缝系统评价技术

邓虎成　周　文　刘　岩　谢润成

张银德　雷　涛　彭先锋　王　威　著

吴永平　赵安坤　毕　钰　庞　宇

前　言

　　天然裂缝在地层中广泛分布，是十分重要的地质现象。根据笔者对油气藏内天然裂缝多年的研究来看，现今油气藏内天然裂缝一般具有多期叠加性和多成因类型的特征，是在漫长的地史演化和地质力学环境中形成的复杂网络系统。其复杂性表现在：天然裂缝是地质演化过程中的产物，而地质演化过程的长期性与复杂性造成了天然裂缝形成的复杂性；自然界中地质作用千变万化，而许多地质作用均能导致岩石破裂，因此形成了现今成因多样的天然裂缝系统；不同岩石所经历的地质演化环境的不同造成了岩石力学性质的差异性，从而导致了岩石破裂条件及特征的不同。因此现今油气藏内天然裂缝系统就是地层岩石在经历了复杂地质演化过程中多期叠加而成的天然裂缝网络系统，具有形成期次多、成因类型复杂的特征。

　　迄今为止，全球石油天然气产量超过一半产自裂缝型油气藏，该类油气藏是21世纪石油天然气增产的最具潜力的领域之一（何雨丹和魏春光；2007）；我国的裂缝型油气藏广泛分布于四川盆地、鄂尔多斯盆地、塔里木盆地、松辽盆地等含油气盆地的古生界、中生界地层中，目前在我国油气生产中占有很大的比重。通过对这些裂缝型油气藏的勘探开发来看，油气藏内天然裂缝的特征、成因及分布规律的研究对油气藏高效合理勘探开发具有重要意义；只有正确认识天然裂缝的特征及分布规律，才能科学合理地制定勘探开发方案和部署勘探开发工作，并规避勘探开发过程中的各类风险。

　　国内关于天然裂缝的研究已有几十年历史，可以划分为以下几个阶段。20世纪中期，对油气藏内天然裂缝的研究主要基于岩心、野外露头观察等常规的地质研究手段，例如当时四川石油管理局的地质工作者就裂缝型气藏勘探通过岩心、野外露头研究提出了"一钻一沿""三钻三沿""三打三不打"等经验方法。20世纪70年代末至80年代初，国内以王仁（1979）、曾锦光等（1982）为代表的研究学者引入工程地质领域岩石破裂和损伤学的理论，开展了天然裂缝分布定量预测的数值模拟，用"屈曲薄板模拟纵弯褶皱的力学模型"建立了分析褶皱应力场的计算方法并提出了区域构造裂缝系统的分布预测方法；80年代，主要为综合利用测井和地震进行天然裂缝的识别和预测；90年代，文世鹏和李德同（1996）、周文（1993）等学者将构造应力场数值模拟和地质研究工作结合，应用有限元数值模拟方法结合岩石破裂准则进行计算，结合正、反演技术开展油气藏内天然裂缝的精细研究；何光明、彭仕宓等人开始引入了非线性理论开展相关研究。进入21世纪后，越来越多的学者从构造应力场的角度应用数值模拟方法研究裂缝的定量预测。近几年，各种新兴理论发展迅速，如概率论统计、遗传算法、人工智能等给油气藏内天然裂缝预测与评价研究提供了新的思路（邓虎成等，2013），目前这些技术中大部分的理论和方法还在完善或试验阶段。

　　国外对天然裂缝的研究从20世纪初开始，国外学者通过对岩石中天然裂缝的研究，建立了"岩石力学"理论，以及近期的"岩体力学"和"断裂力学"等理论，奠定了油气藏内天然裂缝形成的理论基础，同时由于岩石的天然破裂过程及其裂缝分布的复杂性、无规律性，并受到观察、探测手段以及研究方法的限制，人们对沉积盆地中深层破裂作用的认识及裂缝的分布预测在理论上仍然显得十分单薄。20 世纪 60 年代，国外学者Price、Murray 等在各种杂志上发表了许多油气藏内天然裂缝研究成果，并提出了具体的研究方法；该时期涌现一批学者从岩石声发射实验与裂缝形成期次、强度等方面对油气藏内天然裂缝开展了分析和研究，其中 Goodman(1963)发现岩石具 Kaiser 效应，并用于研究岩体的变形史和破裂史。70 年代，国外学者逐渐把分形几何学理论引入油气藏内天然裂缝研究领域。80 年代末，随着地球物理测井技术在油气藏内天然裂缝描述与预测研究方面取得的长足进展，使对油气藏内天然裂缝的识别质量得到了大幅提高，如成像测井技术以其真实的井剖面图像的呈现可以直观地对油气藏内天然裂缝分布及发育形态进行识别；同时随着地震勘探技术的快速发展，由二维勘探转变到三维勘探，反映地下地质特征的物探数据的精度不断提高，由此用地震勘探技术解释油气藏内天然裂缝时对油气藏内天然裂缝分布形态的刻画也逐步精细。90 年代后期油气藏内天然裂缝的定量研究主要集中在油气藏内构造裂缝的定量预测研究。据 Murray、Price、McQuillan 等研究认为油气藏内天然裂缝可以由与应变能相关的剪裂缝、与岩层褶皱相关的张裂缝以及与断层相关的剪裂缝和张剪裂缝为主组成；而天然裂缝的密度与曲率以及应变能和断层之间又相关密切，曲率和应变能对天然裂缝发育程度的影响又是相对独立的，因此通过叠加处理得到了裂缝密度的综合影响因子，并以此展开对天然裂缝的分布预测评价。进入 21世纪后，国外在理论上没有明显的突破，但在油气藏内天然裂缝的识别技术上做出了巨大的贡献，Jenkins 等(2009)提出利用神经网络技术建立的 CFM 数据流程可以对裂缝进行较为精准的预测，该技术已经成功应用于许多砂岩及碳酸盐岩裂缝型储层的研究中；在裂缝的测井识别、地震识别上取得了长足进步，其中测井领域的新方法和新设备主要体现在电磁测向仪、CT 扫描仪、微 Lambda 测井、环形声波测井、成像测井(FMI)、全井眼地层微电阻率成像(FMI)、DSI 偶极横波成像仪和井下电视仪(BHTV)等，这些方法和设备能测量出油气藏内天然裂缝的倾角、走向、张开度、长度、视孔隙度以及裂缝的充填与开启程度，甚至能识别出微裂缝及亚微观裂缝。

国内外对油气藏内天然裂缝的研究发展历程，概括起来主要包括以下三方面：油气藏内天然裂缝研究经历了从岩心及野外露头的定性观测和统计到构造应力场的数学模拟；从地球物理测井到二、三维地震勘探等多学科、多领域的综合研究，经历了从简单到复杂，从二维至三维、从定性到定量的发展历程；随着科学技术的进步，对油气藏内天然裂缝研究的理论从传统线性研究发展到非线性人工智能研究领域。

前人已经针对油气藏内天然裂缝开展了大量的研究工作，虽然取得了很多有价值的成果，也很好地指导了一些油气勘探开发工作；但总体来说在对油气藏内天然裂缝特征、分布规律的把握上还存在较大的不确定性，特别是预测工作与实际勘探开发的后验吻合率偏低(何鹏等，1999；胡永章等，2003；黄辉和周文，2002；赖生华等，2005)。在总结前人关于油气藏内天然裂缝的研究工作中，笔者认为之所以对油气藏内天然裂缝特征及分布规律把握不准的主要原因在于未能针对其多期次、多成因类型的特征建立一套有效的研究技术及思路；地史演化过程中多期次、多成因的天然裂缝叠加而成的现今的天然裂缝网络系统，如果不通过一定的方法和手段加以分解成单一的子系统进行研究，一般很难把握住这一复杂裂缝网络系统的基本规律。因此笔者将多年来在这一方面的研究心得在本著作中进行总结，希望能为相关领域的研究同行提供借鉴。

本书由8部分构成，第一章为油气藏内多期次多成因天然裂缝系统的基本特征及评价思路研究，介绍多期次多成因天然裂缝的基本特征，在考虑油气藏内天然裂缝系统的基本特征的基础上构建一套评价研究思路和关键技术体系；第二章为野外露头调查及钻井岩心描述技术，主要介绍基于野外露头和钻井岩心资料进行多成因多期次天然裂缝特征、分布规律等研究的方法和技术，并给出几个油气田研究的实例；第三章为井剖面识别技术，主要介绍井剖面基于钻井、测井等资料开展多期次多成因天然裂缝系统的识别方法和技术，并以四川盆地西缘新场气田须家河组钻井井剖面天然裂缝的识别为例来论述该技术的具体应用；第四章为裂缝的期次划分，该部分详细介绍野外露头与钻井岩心分期配套技术，以及利用裂缝充填物同位素分析、包裹体分析、微量元素分析、石英自旋共振测年分析、岩石声发射分析、痕量元素分析等裂缝期次确定的实验分析技术，并以新场气田须二气藏研究为例论述这些方法技术的具体应用；第五章为裂缝形成成因确定，主要总结油气藏内天然裂缝的主要类型，以及基于天然裂缝发育主控因素分析的成因确定方法；第六章为裂缝的分布预测与评价，该部分主要介绍油气藏多期次多成因天然裂缝子系统划分的目的、原则和方法，给出基于成因法的天然裂缝分布预测方法，并对鄂南地区泾河油田17井区延长组油藏多期次多成因天然裂缝子系统进行定性和定量的叠加分布与评价；第七章为裂缝有效性评价，该部分介绍基于岩心、测井和动态资料的天然裂缝有效性参数的解释方法，阐述不同来源天然裂缝有效性参数的含义与校正，并提出建立一套基于裂缝网络系统的有效性评价方法和定量指标；第八章为裂缝评价结果的应用，主要以鄂尔多斯盆地红河油田、麻黄山西区、泌阳凹陷安棚油田等油藏为例，介绍裂缝评价结果在勘探开发过程中的具体应用。

本书的完稿由课题组多位同仁共同完成，先后经过了多次的讨论确定了所有章节的安排以及具体撰写内容。本书由邓虎成执笔完成第一章，邓虎成、赵安坤、王威共同执笔完成第二章，刘岩、毕钰共同执笔完成第三章，谢润成、彭先锋共同执笔完成第四章，张银德、彭先锋共同执笔完成第五章，彭先锋、邓虎成、雷涛、庞宇等共同执笔完成第六章，毕钰、邓虎成、吴永平共同执笔完成第七章，邓虎成、刘岩共同执笔完成第八章；研究生肖睿、罗斌、张小菊、胡笑非、何思源、王菡等全程参与了图件编制和文字编辑校对工作；全书最后由邓虎成、周文负责统稿完成。

本书在编写过程中得到了中石化华北油气分公司、中石化西南油气分公司、中石油勘探开发研究院海外中心、中石化西北油气分公司、中石化河南油田等单位的大力支持，在此表示衷心的感谢！

油气藏内多期次多成因天然裂缝的评价是一个世界级难题（李毓等，2005，2007；谢润成，2006），本书虽然在该领域里做了一些工作，但是仍有许多深层次的问题有待于继续研究。此外，由于作者水平有限和时间仓促，对一些问题的研究还很浅显，本书难免存在一些不足之处，甚至有认识上的偏差，敬请读者和有关专家赐教斧正！

目　　录

第一章　基本特征及评价思路

第一节　多期次多成因天然裂缝的基本特征

油气藏内多期次多成因天然裂缝系统(本书下文中在未特殊强调时，所提裂缝均为天然裂缝)在野外、岩心、井剖面、物探等资料的研究过程中往往表现出极度的复杂性和不可预测性，很难把握其客观规律。下面将多期次多成因裂缝的一些基本特征归纳如下。

1. 裂缝组系多而杂、倾角分布不集中、产状空间上变化规律不明显

多期次多成因裂缝叠加至今，往往是不同时期地质力学环境下各类成因条件下形成的；因此裂缝发育走向表现出组系多、分布规律杂乱的特征，裂缝倾角从低角度至高角度均有分布，且分布不集中。下面是对重庆万县—梁平—忠县地区侏罗系自流井组和川西坳陷熊坡构造东北翼三叠系须家河组开展的野外裂缝调研工作，这两个地区自沉积以来主要经历了燕山期和喜山期多幕构造运动，形成了多期次多成因的裂缝系统。

根据对重庆万县—梁平—忠县地区侏罗系自流井组 8 个野外露头的调查来看，各点统计的裂缝倾角变化差异较大，每一个调查点裂缝倾角从低角度至高角度均有发育，不同调查点裂缝的优势倾角在低角度斜交裂缝(15°~45°)、高角度斜交裂缝(45°~75°)、近于垂直裂缝(75°~90°)几个区间均有集中分布(如图 1-1~图 1-4)；裂缝组系在各点一般成像 2~3 个组系，且各点的优势组系不一致(如图 1-5)。

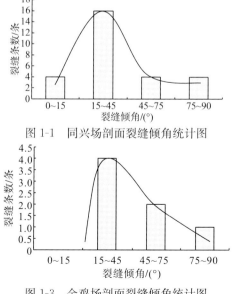

图 1-1　同兴场剖面裂缝倾角统计图

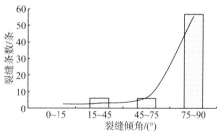

图 1-2　长滩镇剖面裂缝倾角统计图

图 1-3　金鸡场剖面裂缝倾角统计图

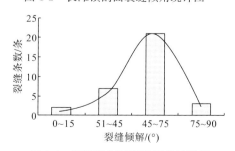

图 1-4　福禄镇剖面裂缝倾角统计图

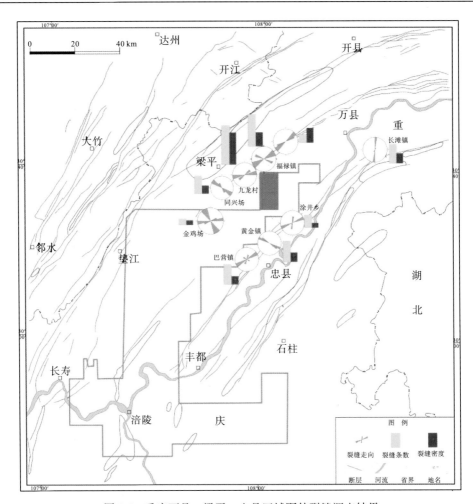

图 1-5　重庆万县—梁平—忠县区域野外裂缝调查结果

通过对川西坳陷熊坡构造东北翼开展的野外裂缝调查，利用 63 个野外点的实测统计数据编制了裂缝倾角分布图和走向分布图（如图 1-6、图 1-7），该构造上裂缝倾角的统计分布虽然以近垂直裂缝为主（75°～90°），但在中低倾角的各个区间（<75°）均有一定比例的分布（如图 1-7）；裂缝走向也表现出了组系多而杂、分布规律性不强的特征（如图 1-7）。

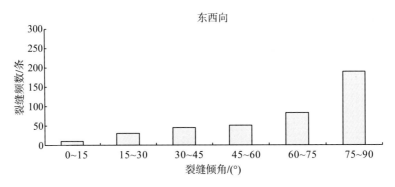

图 1-6　川西坳陷熊坡构造东北翼野外裂缝倾角统计图

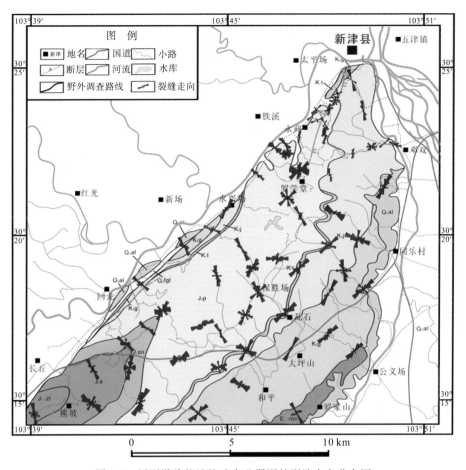

图 1-7　川西坳陷熊坡构造东北翼野外裂缝走向分布图

综合上述两个野外调查情况来看，地层中裂缝因其多期性和多成因类型而导致了裂缝的产状特征为：组系多而杂、倾角分布不集中、产状空间变化规律不明显。

2. 裂缝力学性质类型多样，破裂成因复杂

在以往的研究过程中，通过对野外露头剖面和钻井岩心上裂缝特征与各种加载条件下岩石的破裂特征进行对比，总结了在野外及岩心观察描述中对裂缝力学性质的判断方法。

从岩石破裂力学成因上来分类，岩石中裂缝类型分为剪性裂缝和张性裂缝(周家尧，1991)，其中剪性裂缝是岩石在受力过程中，所承受的剪应力突破了其抗剪强度而形成剪切面上的破裂面；张性裂缝是岩石在受力过程中，岩石所承受的张应力突破了其抗张强度而形成的拉张破裂面。剪性裂缝和张性裂缝由于形成力学环境不同，因此它们在缝面结构、组系、充填性等特征上具有明显的差异，可作为裂缝力学成因类型的判断依据，下面就此进行归纳和阐述。

1)剪性裂缝特征

由于剪性裂缝是在剪切应力作用下形成的，室内剪性破裂模拟实验表明剪性裂缝一般表现为成对共轭出现、缝面光滑平整、裂缝闭合等特征。结合野外岩心、露头调查结

果，剪性裂缝的特征表现为：裂缝缝面见剖面型、平面型、斜交型、共轭斜交型等多种类型擦痕；缝面光滑平整，少见充填物；存在共轭剪切组系（如图1-8）。

图1-8　鄂尔多斯盆地红河油田长8油层组各类剪性裂缝特征

2）张性裂缝特征

张性裂缝是在拉张应力作用下形成的，室内张性破裂模拟实验表明张性裂缝一般表现为缝面粗糙不平、成组出现、开启度高等特征。结合野外岩心、露头调查结果，张性裂缝特征表现为：缝面粗糙、凹凸不平、呈弯曲状；缝面多见方解石等充填物；可见多组平行组系（如图1-9）。

HH51井1869m泥质粉砂岩张性裂缝　　　　　　HH52井1857m砂岩张性裂缝

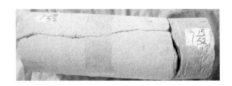

HH68井1761m砂岩张性裂缝　　　　　　HH52井1858m砂岩张性裂缝

图1-9　鄂尔多斯盆地红河油田长8油层组各类张性裂缝特征

根据上述剪性、张性裂缝的特征，在油气藏钻井岩心、野外露头中的调查表明，不同地质条件下各类剪性、张性裂缝发育，且特征不一，反映了多成因多期次裂缝系统力学性质类型多样、破裂成因复杂。

3．裂缝多期充填，形成期次多

野外调查、岩心描述中从裂缝充填特征、裂缝组系、充填物时间等都反映了油气藏内现今裂缝的多期性（邓虎成和周文，2009）。图1-10和图1-11是针对鄂尔多斯盆地麻黄山油田及周缘相似露头中生界延长组、延安组裂缝研究成果（邓虎成等，2010）；研究表明现今裂缝为多期形成叠加的产物。

ND3 井，2486.99～2489.50m，天然裂缝沥青与方解石充填　　　　ND3 井，2516.23～2516.47m，多组垂直裂缝限制切割

图 1-10　鄂尔多斯盆地西缘麻黄山油田长 6 油层组裂缝充填及组系切割多期性特征

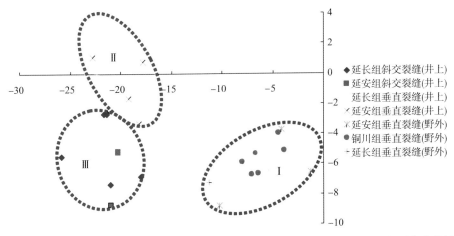

图例：
◆ 延长组斜交裂缝(井上)
■ 延安组斜交裂缝(井上)
　延长组垂直裂缝(井上)
✕ 延安组垂直裂缝(井上)
✳ 延安组垂直裂缝(野外)
● 铜川组垂直裂缝(野外)
┼ 延长组垂直裂缝(野外)

图 1-11　鄂尔多斯盆地西缘麻黄山油田及相似露头中生界裂缝方解石充填物碳氧同位素统计图

4．裂缝发育规模及分布变化大

　　油气藏内多成因多期次裂缝在发育规模和分布规律上具有较强的非均质性，由于不同期、不同成因裂缝发育规模的差异性以及发育主控因素的不同，造成了现今油气藏内裂缝发育规模及分布变化的非均质性。在对四川盆地新津熊坡构倾末端野外裂缝调查中，裂缝高度在尺度上和层位贯穿能力上差异显著，裂缝长度在统计上从 0～10cm 到大于 500cm 各个区间上均有分布，优势分布区间不明显（如图 1-12、图 1-13）；从对鄂尔多斯盆地泾河油田泾河 2—泾河 17 井区井剖面裂缝发育密度的统计分布来看，裂缝发育程度在空间上分布规律性不强，非均值程度大（如图 1-14）。

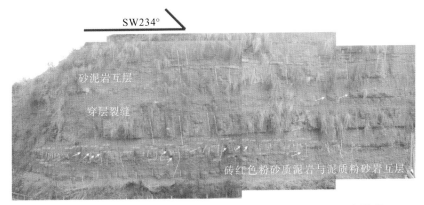

SW234°

砂泥岩互层

穿层裂缝

砖红色粉砂质泥岩与泥质粉砂岩互层

图 1-12　四川盆地新津熊坡构倾末端不同岩层厚度内裂缝发育情况

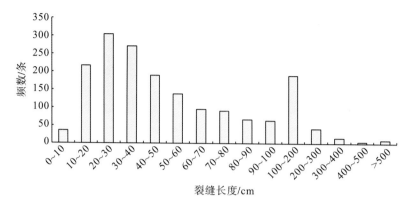

图 1-13　四川盆地新津熊坡构倾末端裂缝长度统计图

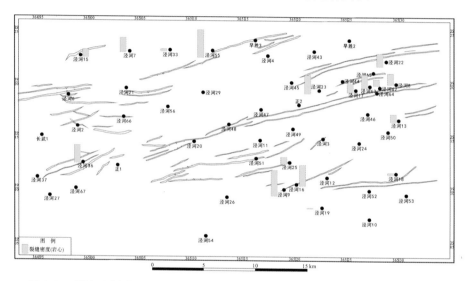

图 1-14　鄂尔多斯盆地泾河油田泾河 2—泾河 17 井区井剖面裂缝发育密度分布图

5. 裂缝发育控制因素多但主控因素不明

油气藏内多成因多期次裂缝系统由于具有多期性和多成因类型的特征，如果笼统地对裂缝特征及分布规律进行研究，一般难以找到其主控因素。图 1-15 是川西坳陷新场气田须二气藏井剖面裂缝发育指数与断裂、构造曲率的分布图(毕海龙等，2012，2013；苏瑗，2011)，从图中可以看出裂缝的发育程度与断裂和构造变形(构造曲率)有一定的相关性；但在一些井点又存在不吻合的现象(如图 1-16、图 1-17)，由此看来该气藏裂缝系统应该是一个多成因、多期次叠加的裂缝系统，总体来看主控因素不明确。通过对该气藏裂缝特征的深入研究，并对期次和成因进一步确定的基础上，明确了新场气田须二气藏裂缝发育在不同时期受到了断层、构造变形、岩性、地层厚度等因素的控制；而在不同的地区、不同层段具有其对应的主控因素，如断层附近裂缝主要受断层控制，非断裂区受构造变形和岩性控制，纵向上裂缝发育程度的差异总体上又受岩层厚度和岩性的控制(如图 1-18)；因此不加以分析，笼而统之地进行研究一般很难抓住其主控因素。

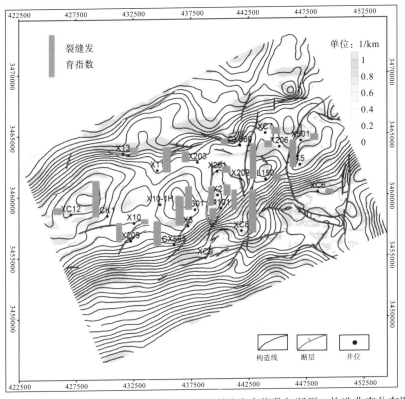

图 1-15　川西坳陷新场气田须二气藏井剖面裂缝发育指数与断裂、构造曲率分布图

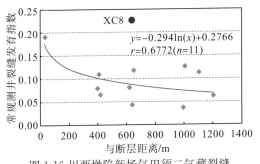

图 1-16　川西坳陷新场气田须二气藏裂缝
发育程度与南北向断层关系

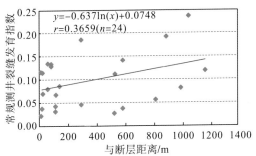

图 1-17　川西坳陷新场气田须二气藏裂缝
发育程度与构造变形关系

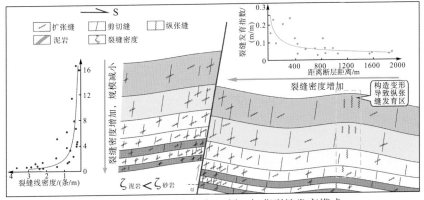

图 1-18　川西坳陷新场气田须二气藏裂缝发育模式

第二节　评价思路及主要技术

本书在考虑油气藏内多期次多成因裂缝系统的基本特征的基础上构建了一套评价研究思路和关键技术体系。这一套思路和技术的核心在于通过分期、分成因的方法对油气藏内多期次多成因叠加而成的现今的裂缝系统进行划分，将一个看似杂乱无章、规律不清的系统划分成一个个期次单一、成因明确的子系统；通过这一过程把一个复杂的叠加系统进行分解，使得每个子系统内裂缝的特征、分布规律等变得明确，从而简化了研究工作。这一思路体系包括四大关键技术和三个重要方法手段，四大关键技术为多成因多期次裂缝系统的野外露头调查技术、钻井岩心描述技术、井剖面识别技术、子系统分布预测叠加技术，三个重要方法手段为多成因多期次裂缝系统期次划分方法、成因确定方法、地质－井点－动态吻合性综合评价方法（如图 1-19）。

1. 四大关键技术

1）多成因多期次裂缝系统的野外露头调查技术

多成因多期次裂缝系统的野外露头调查技术主要包括四个方面的问题，即野外露头剖面的选择、调查方式、调查内容、调查结果应用。

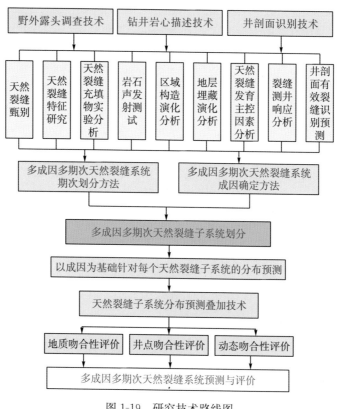

图 1-19　研究技术路线图

野外露头的选择决定了其研究成果在油气藏内多成因多期次裂缝系统研究工作中具有可类比性和可参考性,同时也决定了是否可以保证将多成因多期次裂缝系统的特征及第一手数据取全取准。因此野外露头的选择需要解决三个问题,一是要与所研究的目标油气藏具有一定的相似性,主要包括沉积、地层、构造演化背景具有一定的相似性,同时露头出露地表后的工程地质条件不宜太复杂,并且可以通过调查过程中的甄别工作与地质历史过程中留下的构造现象进行区别;二是要确定通过所选野外露头的组合尽可能地将各个组系裂缝特征反映出来,以免遗漏重要组系裂缝特征而误导研究工作;三是要注意类比油气藏内地质条件的差异性,选择相应不同地质条件的野外露头开展调查,便于对不同地质条件下裂缝特征及发育主控因素开展对比研究工作。

根据野外露头的选择方案,调查方式一般主要采用单构造拉网点测法、单构造拉网线测法、多构造相似点点测法、多构造相似点线测法四种(周家尧,1991)。

(1)单构造拉网调查法。在调查过中如果能够找到一个相似构造,且具有良好的露头条件,并可以全面完整地开展调查工作时,就可以采用单构造拉网调查法。单构造拉网调查法先要对比油气藏地质条件进行踏勘建立调查路线网,并在拉网中根据野外出露情况部署测点和测线。如果剖面出露连续性不好,且出露长度较短,通过在该构造调查路线网中部署测点,以足够多的点测和统计来规避调查中的随机性和不确定性;如果出露剖面连续性好,就在拉网中根据研究的需要部署测线开展调查研究工作;而在实际调查中针对单构造拉网调查时往往是综合点测、线测来进行的。

(2)多构造相似点调查法。在调查过程中,往往因为在野外露头选择时受地表条件以及与研究油气藏相似程度的限制,很难以一个单一构造完成对油气藏内多成因多期次裂缝系统的特征进行全面的调查。因此在野外露头选择时,要选择多个相似构造来完成对油气藏内不同地质条件下裂缝特征的相似调查工作;这种条件下主要采用多构造相似点点测法、多构造相似点线测法,具体测法与单构造拉网中的点测和线测思路相同。

野外调查内容包括特征描述、测量统计、采样测试三个方面的工作(见表1-1)。特征描述包括基础地质特征、裂缝甄别、缝面特征、力学性质、组合关系五项内容;测量统计包括对裂缝产状、发育规模、发育密度、有效性等进行测量和统计;采样测试主要用于针对裂缝成因、期次及微观特征的研究,包括裂缝充填物采样测试和基岩采样测试两个方面(刘建中,2008),下面是各项工作的具体内容。

(1)裂缝特征描述工作。

基础地质特征:对每个调查露头的出露地层、露头规模、沉积特征、现今所处构造特征、所经历区域构造演化背景以及露头目前的地表工程地质条件等进行描述,为裂缝甄别、特征、发育条件等研究提供基础。

裂缝甄别:虽然所选地表露头考虑了与油气藏地质条件具有相似性,但毕竟是在构造作用下出露到地表,再加上地表各类工程地质作用必将形成一部分不同于地层条件下的裂缝系统;因此需要结合所受地质作用的差异性对地层条件下和出露地表后所形成的构造缝、成岩缝、卸载缝、风化缝等各类成因裂缝进行甄别。

缝面特征:裂缝缝面特征主要包括对其粗糙度、弯曲度、充填性、擦痕、阶步等进行描述。

表 1-1　多成因多期次裂缝系统的野外露头调查工作内容列表

调查工作分类		具体内容
特征描述	基础地质特征	沉积、地层、构造、工程地质等条件
	裂缝甄别	构造缝、成岩缝、卸载缝、风化缝等各类成因裂缝甄别
	缝面特征	粗糙度、弯曲度、充填性、擦痕、阶步等
	力学性质	对张性缝、剪性缝的判断
	组合关系	裂缝的共轭性、切割关系、限制关系、错断关系、成组性
测量统计	产状	裂缝走向、倾角
	发育规模	长度、高度、穿层性等
	发育密度	不同方向的线密度、面密度
	有效性	张开度
采样测试	充填物采样测试	稳定同位素分析、包裹体分析、测年分析
	基岩采样测试	岩石声发射测试、薄片微裂缝研究

力学性质：通过对裂缝缝面特征、组合关系等的分析，结合材料破裂力学模型，总结张性缝、剪性缝的判断证据，确定描述裂缝的力学性质，并进行记录和分析。

组合关系：组合关系往往隐含了裂缝的力学性质、期次等信息，主要包括对裂缝的共轭性、切割关系、限制关系、错断关系、成组性等进行描述。

（2）裂缝测量统计工作。

产状：在野外露头上对不同组系裂缝走向、倾角进行测量和统计，要求多剖面点、剖面上多部位密集测量，确保测量数据统计结果的客观性。

发育规模：包括对野外露头上调查裂缝的长度、高度进行测量，对其贯穿地层能力进行统计。

发育密度：采用线密度和面密度两种测量方法对不同构造条件、不同剖面方向进行测量额统计。

有效性：采用游标卡尺对裂缝有效张开度进行测量。

（3）裂缝采样测试工作。

充填物采样测试：对裂缝充填物按照测试分析要求进行取样，主要用于开展充填物的稳定同位素分析、包裹体分析和测年分析。

基岩采样测试：按照岩石声发射测试、薄片微裂缝制作要求对裂缝发育的基岩进行取样，用于对裂缝形成期次和微观特征的研究。

多成因多期次裂缝系统的野外露头调查技术还包括野外调查研究结果与油气藏内研究工作的具体类比研究。在类比工作中通过比较野外和油气藏地质条件的异同，寻求在相似条件下的裂缝特征、发育主控因素、发育规模及密度、成因与期次等的类比，结合井下和油藏中的研究互为印证，并提供借鉴。

2）多成因多期次裂缝系统的钻井岩心描述技术

多成因多期次裂缝系统的钻井岩心描述技术主要包括观察描述井点选择、描述内容两项工作。观察描述井点选择主要考虑油藏钻井和取心情况，尽可能保证各种地质条件下具有井点描述的第一手资料和数据。

钻井岩心描述内容与野外调查内容相似(见表 1-1)，主要区别如下。

(1)裂缝甄别主要甄别钻井、取心过程中的诱导缝、卸载缝等。

(2)裂缝产状测量主要为测量裂缝倾角，并需要根据地层倾角进行校正，如果为定向取心，可测量并计算裂缝走向。

3)多成因多期次裂缝系统的井剖面识别技术

多成因多期次裂缝系统的井剖面识别技术包括：①以成像测井、钻井岩心裂缝识别和描述结果为刻度标准，通过抽取典型样本开展井剖面裂缝测井响应特征提取，确定裂缝测井识别的组合系列；②采用统计数学、神经网络、分形理论等数学方法建立井剖面多成因多期次有效裂缝的识别模型；③结合井剖面裂缝识别结果与岩心、成像测井、生产动态开展识别模型有效性评价。通过这些工作建立一套有效的井剖面裂缝识别技术，为井点识别、评价工作提供基础。

4)多成因多期次裂缝系统的子系统分布预测叠加技术

多成因多期次裂缝系统的子系统因其期次、成因、受控因素单一，可通过其成因和主控因素完成对其分布预测；各子系统分布预测结果需要通过一定的叠加技术进行叠加形成多成因多期次裂缝系统的分布预测结果。该套技术中针对多成因多期次裂缝系统的子系统分布预测叠加主要采用了裂缝密度叠加法、权因子加权叠加法、分级定性叠加法三种方法。

裂缝密度叠加法是一种最为直接的叠加技术，但该方法需要各个裂缝子系统的分布预测是以裂缝密度或者裂缝发育指数为基础进行的，这样将各个裂缝子系统裂缝发育密度或者发育指数进行求和叠加即可。

权因子加权叠加法在各个裂缝子系统的分布预测指标不一致、且裂缝子系统成因及形成地质条件相似的情况下适用。如果各个裂缝子系统不能统一以裂缝发育密度或者裂缝发育指数定量展布来表征裂缝的分布规律，特别是有些裂缝子系统受控因素未能建立与裂缝发育密度或者裂缝发育指数之间的定量关系时，这个时候可以以井点裂缝发育程度为基础，统计各个裂缝子系统对井点裂缝发育程度的贡献来形成权因子。最后通过权因子加权叠加来完成多成因多期次裂缝系统的子系统分布预测结果的叠加。

分级定性叠加法在各个裂缝子系统的分布预测指标不一致、裂缝子系统成因及形成地质条件相似差异显著的情况下适用。如果各个裂缝子系统不能统一以裂缝发育密度或者裂缝发育指数定量展布来表征裂缝的分布规律，可以根据井点裂缝发育程度分级，并对应各个裂缝子系统开展分级评价工作，最后根据裂缝的动静特征确定各个裂缝子系统分级叠加的定性方案，完成多成因多期次裂缝系统的子系统分布预测结果的叠加。

上述三种方法适用于各个裂缝子系统分布预测中的各种差异性，在叠加过程中需要根据所划分的各个裂缝子系统的情况进行归类，然后根据归类情况选择上述叠加方法进行归类叠加，最后在归类叠加的基础上再以此逐次叠加完成整个叠加工作。

2. 三个重要方法手段

1)多成因多期次裂缝系统的期次划分方法

裂缝系统期次判定是一个综合研究工作，主要采用野外分期配套、岩心分期配套、实验测试期次分析确定可能的裂缝发育期次，再结合构造演化、埋藏史的时空匹配关系落实多成因多期次裂缝系统的主要期次。野外和岩心分期配套主要根据对裂缝组系的切割关系、限制关系、错断关系以及充填物的期次等分析裂缝系统的可能期次(周文等，2008；马旭杰等，2013)。实验测试主要通过裂缝充填物的稳定同位素分析、包裹体分析以及基岩声发射测试确定裂缝的可能期次。最后结合野外、岩心分期配套结果和实验测试分析结果，与构造演化、埋藏史开展时空匹配研究，并确定多成因多期次裂缝系统的主要期次。

2)多成因多期次裂缝系统的成因确定方法

裂缝成因分析首先要从裂缝的主控因素入手，通过野外调查类比分析、井点统计分析对构造变形、断层、岩性、不整合面等地质因素进行研究，分析不同地质条件中的裂缝发育主控因素；其次根据多成因多期次裂缝系统的主要形成期次，对主要期次的地质力学环境进行恢复，分析岩石在对应地质力学环境下的破裂类型及特征；再结合裂缝的主控因素分析结果与主要期次的地质力学环境下的裂缝类型及特征确定多成因多期次裂缝系统的主要成因类型。

3)多成因多期次裂缝系统预测的地质-井点-动态吻合性综合评价方法

多成因多期次裂缝系统按照上述子系统划分、预测叠加思路完成了对其的分布预测，其结果的合理性及有效性还需通过评价来进行修正和完善。在油气藏内多成因多期次裂缝系统评价技术中，也形成了基于地质-井点-动态吻合性的综合评价方法，通过地质条件及地质力学环境演化过程的合理性验证、井点识别结果的吻合性分析、油气生产动态的验证等完成综合评价工作，对预测过程中的不合理性进行修正，确保研究结果的合理性和有效性。

第二章　野外露头调查及钻井岩心描述技术

第一节　野外露头调查技术

油气藏内多成因多期次裂缝系统的野外露头调查技术主要包括野外露头剖面的选择、调查方式、调查内容及调查结果应用四个方面；在第一章第二节中已对这四部分的具体内容进行了论述，下面主要以川西坳陷新场气田须二气藏多成因多期次裂缝评价中的野外露头调查工作为例进一步阐述相关细节。

一、野外露头选择

新场气田通过近三十年的勘探开发，先后发现了中深层上沙溪庙组大型气藏、浅层蓬莱镇组中型整装气藏、中深层千佛崖组小型裂缝型气藏、深层须家河组超致密气藏，现已成为中石化在四川盆地的主要天然气生产基地(王晓等，2011；周文等，2008)。该气田位于四川省德阳市以北约20km，东经104°17′~104°27′、北纬31°13′~31°19′的范围内；南距成都市80km，北距绵阳市约35km；在区域构造位置上处于四川盆地川西坳陷中段孝泉—丰谷北东东向隆起带的西段，为孝泉—新场复式背斜的新场局部圈闭；该隆起带位于彭州—德阳向斜和梓潼向斜之间，是从晚三叠世以来经历了多期构造运动的古今复合大型隆起带(如图2-1、图2-2)。

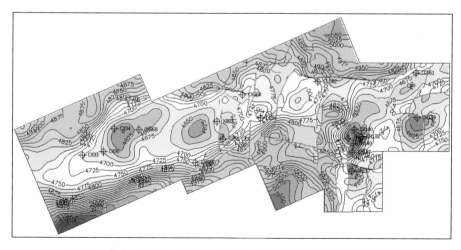

图2-1　孝泉—新场—罗江—合兴场—高庙子地区须二顶面构造图

从新场气田须二气藏顶面构造来看(如图2-1)，新场气田须二气藏位于孝泉—丰谷北东东向隆起带的孝泉—新场复式背斜东北翼，是在晚三叠世以来历经燕山运动、喜山运动多期构造运动作用下形成的现今油气构造。针对该气藏开展野外调查对露头的选择主要考虑了以下六个方面的因素。

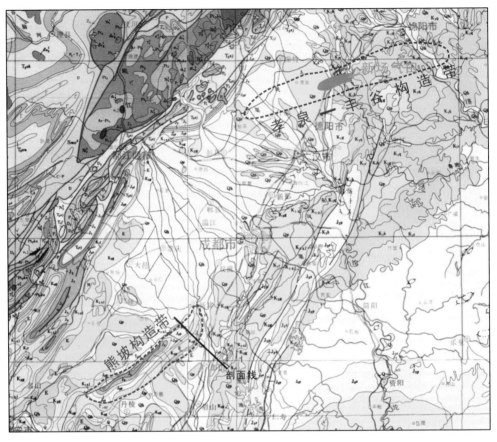

图 2-2　川西坳陷中段地质图

(1)露头区距离研究区不能过远,出露具有相似结构的地层,保证露头地质条件与研究目的区目的层具有一定的相似性。

(2)所处的区域构造背景具有相似性,具有相同的构造成因和相似的构造形态。

(3)地质力学环境演化过程相似,裂缝形成的力学性质、成因应该具有一致性。

(4)具有相同的沉积背景及环境,目的层岩性、沉积特征等相似。

(5)露头区与研究区在裂缝各个形成时期地质力学环境相近。

(6)具有可供调查和测量的野外剖面条件,能对不同构造部位、地层层位以及断层条件等开展调查,对裂缝形成主要影响的控制因素能进行调查、测量和统计。

基于上述因素的考虑,对比新场气田须二气藏地质条件,选择了川西中段熊坡构造带的东北翼作为对新场气田须二气藏裂缝研究的相似露头开展调查。

对比上述熊坡构造的构造、沉积等地质条件来看,与本次研究的孝泉—新场构造带东北翼新场构造具有较好的相似性;且熊坡构造东北翼可供观察地层出露条件好,能满足调查要求(如图 2-2、图 2-3);另外通过对熊坡构造的踏勘,该构造东北翼出露条件好,可供拉网调查和测量,图因此确定以熊坡构造的东北翼作为调查研究区域。

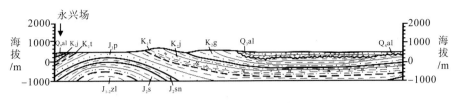

图 2-3 调查区内过永兴场 NW-SE 向横剖面图

二、调查方式设计

根据所选野外调查区开展的前期踏勘工作来看：熊坡构造东北翼地表出露条件好，局部地质条件差异显著；因此主要采取单构造拉网调查法，调查过程中根据野外条件综合点测、线测两种调查方式完成调查工作。具体的调查拉网及调查剖面点的部署见图 2-4。

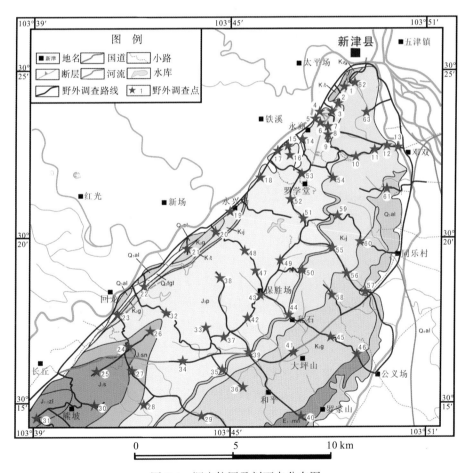

图 2-4 调查拉网及剖面点分布图

三、调查内容

1. 野外基础地质特征

熊坡构造北起新津，西南延经月南山入峨眉，区内长达 62km，横宽 8～10km，往北东端变窄；为一北东—南西向背斜构造，所处区域构造位置属川西坳陷中段(李汉武和陶晓风，2010)。背斜东北端在新津附近倾没于第四系之下，由新津至月南山一带，总轴向约为北东 50°，但其轴线呈"之"字形连续反复屈伸，方位变化在北东 30°～40°与北东60°～70°之间。月南山以南，轴向渐次往南偏转为北东 25°左右，侏罗系各层组地层呈裙边式分布，核部地层变新为夹关组，更南至汉王背斜转为南北向倾伏；月南山以东，背斜整体显示北西翼陡、南东翼缓的不对称特征，其倾角变化特征为北西翼一般可达 50°～60°，部分甚至直立倒转，而南东翼为 15°～20°左右，部分可达 30°～35°以上；月南山以南，背斜两翼则为明显的东窄西宽，东陡西缓，其倾角分别为 20°～40°与 2°～30°。熊坡构造共生断裂主要有康乐场冲断层、石桥场扭压性断层、老君山冲断层及房基坪冲断层等，其中以康乐场冲断层规模较大，生成较早，为复合继承断裂(如图 2-5)。

熊坡构造自核部向翼部依次出露中生界三叠系须家河组至白垩系关口组，轴部及北翼因受康乐场冲断层切割保存不完整，核部出露最老层位须家河组仅在背斜中段康乐场冲断层南盘零星分布，外缘依序为大片出露侏罗系—白垩系地层，下第三系名山群仅在背斜周边零星出露。中三叠世末期，印支运动促成龙门山北东向构造带及其所属宝兴背斜由古海槽渐趋隆起，前缘形成相对坳陷；据石油 5703 队资料，前缘坳陷当时的古构造面貌为一系列走向北东，并往西南斜列的雁列隆起与凹陷，其中绵竹—灌县古凹陷的西南段，大体位于双流—邛崃—天台山以西，以东属于熊坡—龙泉山古鼻状隆起，而熊坡地区为该古隆起的次一级古鼻状隆起，伴生古断裂称雅安—蒲江古断裂。晚三叠世时，龙门山古海槽继续隆陆升起，前缘继续坳陷，此时测区东南部表现为深陷沉积，处于沉积中心的中林—大川—天宫庙一带，海陆交互相含煤沉积厚度达 3000 多米，往东变薄，至熊坡一带，厚度仅约千米左右。侏罗纪时，整个龙门山北东向构造带及所属宝兴背斜已全部转为陆地，并遭受剥蚀，前缘坳陷沉积在测区进入空前发展时期，沿大邑—邛崃高家场一带沉积物厚达 2100～2300m，大邑两河口竟达 3200 多米；往东变薄，双流附近据成参井钻探厚度为 2100m，至熊坡厚度仅 1600m 左右，沉积物具有由西向东和由下到上逐渐变细的特点，坳陷西缘大川及大邑一带，早、中侏罗世为巨砾岩及红色粗碎屑堆积，自遂宁组沉积以来，除地处坳陷边缘斜坡的大川地区仍有砾岩堆积外，大邑一带已普遍沉积为一套红色砂岩加泥岩，序列上表现为由粗到细，底部含砾石，其中坳陷西缘宝盛场至南宝山以及大邑灌口一带，底部常构成砾岩堆积，而在沉积中心宝盛场附近，底部砾岩厚达 450m。至灌口组沉积时，各地普遍转入稳定沉积环境，沉积物以泥质为主加泥灰质，名山、双流以及熊坡东南等地兼有钙芒硝及石膏层，仅在宝盛至南宝山以及大邑灌口一带，灌口组底部仍有砾岩堆积，其中宝盛场附近砾岩厚达 750m，其后期亦渐次转入泥岩沉积的稳定环境。老第三纪以来沉积范围开始"萎缩"，除宝盛场为粗碎屑沉积外，其余各地均继续沉积为一套砂泥质组分，最大厚度在名山一带约720m，并发育钙芒硝及石膏层。至新第三纪时，仅局部在灌口西南中兴场一带有大邑砾岩分布，并与下伏灌口组呈微角度不整合。

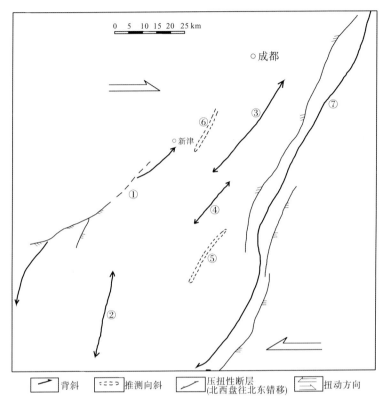

①. 熊坡背斜；②. 三苏场背斜；③. 苏码头背斜；④. 盐井沟背斜；⑤. 里仁场向斜；⑥. 普兴场向斜；⑦. 龙泉山背斜

图 2-5　熊坡构造区域构造图(大港油田石油地质志编辑委员会，1991)

本次野外调查考虑了构造形态、出露地层岩性及组合、区域构造背景的相似性以及露头观测条件等，对新津熊坡构造东北翼(位于新津县城以南)进行了野外调查设计(如图 2-4)，各点的出露情况见表 2-1。

表 2-1　野外剖面点出露情况简表

剖面点	层位	出露地层情况
1	白垩系	以中－厚层砖红色泥岩为主
2	中白垩统夹关组	砾岩、粉砂岩互层
3	上侏罗统蓬莱镇组	红色泥岩中夹杂浅灰绿色斑点状粉砂质泥岩
4	上侏罗统蓬莱镇组	地层可以分为 7 个小层，其中：A 岩性为红色泥岩；B 岩性为薄层中－细砂岩；C 岩性以红色泥岩为主，中夹杂粉砂质泥岩；D 岩性以红色细砂岩为主，中夹杂粉－细砂岩；E 岩性为红色泥岩，夹灰绿色薄层细砂岩；F 岩性为砖红色泥质粉砂岩；G 岩性上部为砖红色细砂岩、下部为红色泥岩
5	上侏罗统蓬莱镇组	可以分为 3 个小层，其中：A 岩性为块状灰绿色细－中砂岩；B 岩性为红色泥岩与灰绿色粉砂质泥岩互层；C 岩性为厚层状砖红色细－粉砂岩与灰绿色粉－细砂岩互层

剖面点	层位	出露地层情况
6	上侏罗统蓬莱镇组	杂色细砂岩
7	上侏罗统蓬莱镇组	可以分为 3 个小层，其中：A 岩性为红色泥岩夹薄层泥质粉砂岩；B 岩性为红色细－中砂岩；C 岩性为红色泥岩夹灰色含钙粉砂质泥岩条带
8	上侏罗统蓬莱镇组	观察地层分 AB 两层，其中 A 岩性为砖红色细砂岩；B 岩性为砖红色细－中砂岩
9	上侏罗统蓬莱镇组	分两层，A 岩性为杂色细砂岩，以黄绿色为主；B 岩性为红色细砂岩
10	中白垩统夹关组	砖红色中砂岩
11	中白垩统夹关组	棕红色细砂岩
12	中白垩统夹关组	砖红色中砂岩
13	中白垩统夹关组	红色块状中砂岩与泥岩互层
14	上侏罗统蓬莱镇组	分为三层，A 岩性为灰绿色泥质粉砂岩；B 岩性为棕红色泥岩与灰绿色砂岩互层，层中夹块状砂岩；C 岩性为厚层块状灰绿色泥质粉砂岩
15	上侏罗统蓬莱镇组	砖红色中砂岩
16	上侏罗统蓬莱镇组	灰绿色细砂岩
17	上侏罗统蓬莱镇组	砖红色细砂岩
18	上侏罗统蓬莱镇组	砖红色细砂岩
19	中白垩统夹关组	分三层，其中：A 岩性为砖红色细砂岩；B 岩性为薄层泥岩；C 岩性为砖红色中砂岩
20	中白垩统夹关组	棕褐色砂泥岩互层
21	中白垩统灌口组	棕褐色砂泥岩互层
22	中白垩统夹关组	砖红色细砂岩夹黄褐色中砂岩
23	中侏罗统遂宁组	砖红色粉砂质泥岩夹青灰色粉砂岩
24	中侏罗统遂宁组	砖红色粉砂质泥岩夹青灰色粉砂岩
25	中侏罗统沙溪庙组	分三层，其中：A 岩性为砖红色泥质粉砂岩；B 岩性为黄绿色细砂岩；C 岩性为砖红色泥质粉砂岩
26	中侏罗统遂宁组	杂色细砂岩（棕红色和灰绿色）
27	中侏罗统遂宁组	分为三层，其中：A 岩性为暗黄色细－中砂岩；B 岩性为暗紫红色泥岩；C 岩性为黄色泥岩
28	上侏罗统蓬莱镇组	上部为灰绿色细砂岩，中部为砖红色泥岩夹中厚层细砂岩
29	中白垩统灌口组	砖红色泥质粉砂岩夹薄粉砂质泥岩
30	中侏罗统沙溪庙组	砖红色泥质粉砂岩为主，下部夹薄层灰绿色细砂岩
31	中侏罗统自流井组	可分三层，其中：A 岩性为中层浅青色含钙质结核粗粒砂岩；B 岩性为薄层褐色含钙质结核泥质粉砂岩；C 岩性为中层浅青色含钙质结核细粒砂岩
32	上侏罗统蓬莱镇组	分四层，其中：A 岩性为灰黄色砂岩；B 岩性为暗红色泥岩；C 岩性为灰黄色砂岩；D 岩性为灰黄色砂岩与暗红色泥岩互层
33	上侏罗统蓬莱镇组	分四层，其中：A 岩性为杂色粉砂岩，真厚度为 0.5m；B 岩性为暗红色粉砂质泥岩，真厚度为 0.19m；C 岩性为杂色粉砂岩，真厚度为 0.24m；D 岩性为暗红色粉砂质泥岩，真厚度为 0.17m
34	中白垩统天马山组	分三层，其中：A 岩性为浅褐色细粒砂岩；B 岩性为薄层浅褐色泥岩；C 岩性为薄层浅褐色细粒砂岩

续表

剖面点	层位	出露地层情况
35	上侏罗统蓬莱镇组	中层浅褐色泥质粉砂岩(含钙质结核)
36	上侏罗统蓬莱镇组	砖红色粉砂质泥岩与泥质粉砂岩互层
37	上侏罗统蓬莱镇组	杂色块状细砂岩为主,上部夹薄层砖红色泥岩
38	上侏罗统蓬莱镇组	分两层,其中:A岩性为黄灰色砂岩;B岩性为暗红色泥岩
39	下白垩统天马山组	分两层,其中:A岩性为中层浅褐色泥质砂岩;B岩性为中层浅褐色泥岩夹钙质细砂岩
40	下新生统名山群	分三层,其中:A岩性为中-薄层浅褐色泥质粉砂岩;B岩性为浅褐色泥岩;C岩性为薄层浅褐色泥质粉砂岩
41	中白垩统灌口组	厚层褐色泥质细-粉砂岩夹薄层钙质结核
42	上侏罗统蓬莱镇组	分四层,其中:A岩性为暗红色细砂岩;B岩性为杂色泥岩;C岩性为灰绿色粉砂岩;D岩性为砖红色泥岩
43	上侏罗统蓬莱镇组	分为三层,其中:A岩性为暗红色砂岩;B岩性为暗红色泥岩;C岩性为暗红色砂岩
44	下白垩统天马山组	砖红色砂岩为主,中间夹薄层砖红色泥岩
45	中白垩统灌口组	杂色细砂岩夹薄层粉砂质泥岩
46	中白垩统灌口组	分五层,其中:A岩性为砖红色粉砂质泥岩;B岩性为砖红色泥岩;C岩性为青灰色粉砂质泥岩;D岩性为砖红色砂岩;E岩性为青灰色粉砂质泥岩与砖红色砂岩互层
47	上侏罗统蓬莱镇组	分为三层,其中:A岩性为灰绿色砂岩与砖红色泥岩互层;B岩性为砖红色泥岩;C岩性为灰绿色砂岩
48	上侏罗统蓬莱镇组	上层为浅灰色泥质粉砂岩,下层为褐色粉砂岩(怀疑多期河道砂叠置)
49	上侏罗统蓬莱镇组	分两层,其中:A岩性为灰白色细砂岩;B岩性为杂色粉砂质泥岩
50	下白垩统天马山组	分两层,其中:A岩性为灰白色块状细砂岩;B岩性为薄层状灰白色细砂岩
51	上侏罗统蓬莱镇组	分为三层,其中:A岩性为灰白色块状细砂岩;B岩性为暗红色泥岩;C岩性为灰白色细砂岩
52	上侏罗统蓬莱镇组	分三层,其中:A岩性为暗红色细砂岩;B岩性为暗红色泥岩;C岩性为暗红色细砂岩
53	上侏罗统蓬莱镇组	中层青色粉砂岩夹薄层泥岩
54	中白垩统夹关组	浅灰色中砂岩与棕红色泥岩互层
55	中白垩统天马山组	砖红色块状细-中砂岩
56	中白垩统灌口组	砖红色厚层中砂岩夹砖红色薄层泥岩
57	第四纪上更新统	浅红棕色含泥细砂岩
58	中白垩统灌口组	上部为砖红色泥质粉砂岩,中部为厚层砖红色细砂岩夹薄层泥岩,下部为砖红色泥质粉砂岩
59	中白垩统夹关组	以暗红色岩屑砂岩为主,上部为砖红色砂泥岩互层
60	中白垩统夹关组	砖红色粉砂质泥岩夹钙质薄层细砂岩
61	第四纪上更新统	中层褐色泥质细砂岩
62	下白垩统夹关组	分三层,其中:A岩性为厚层褐色泥质粉砂岩;B岩性为薄层褐色透镜状砂泥岩互层;C岩性为厚层褐色泥质粉砂岩
63	下白垩统夹关组	分四层,其中:A岩性为薄层褐色泥岩;B岩性为中层褐色泥质砂岩;C岩性为薄层褐色泥岩;D岩性为薄层褐色泥质砂岩

2. 裂缝甄别

野外露头是沉积地层在构造作用下出露地表的，其所受地应力多数已卸载。因此在野外露头上裂缝的甄别情况相对比较复杂，这里一般将顺着地层面卸载后形成的顺层卸载面（如图 2-6）、因重力作用而形成的重力拉张面（如图 2-7）、因表面风化作用形成的产状相对比较杂乱的风化破裂面（如图 2-8）等排除于裂缝；而将缝面见有化学充填物，如方解石、石英等（如图 2-9）、呈多组共轭组系的剪切面（如图 2-10）、呈平行组系具有一定穿层性的裂缝面（如图 2-11）等作为裂缝来进行描述和统计。

图 2-6　新津县金龙村 7 组自然绣度假村剖面（N30°23′19″，E103°49′12″）

图 2-7　新津县水兴镇九莲村 1 组剖面（N30°21′44″，E103°47′39″）

图 2-8　新津县石柱村剖面（N30°18′29″，E103°44′5″）

图 2-9 新津县龙安村李大山剖面(N30°16′56″，E103°45′26″)

图 2-10 浦江县寿安镇西禅村三组剖面(N30°15′30″，E103°40′18″)

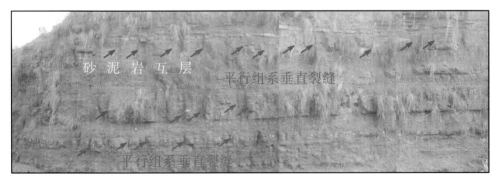

图 2-11 浦江县刘山村刘山水库东侧剖面(N30°16′2″，E103°45′4″)

3. 裂缝特征描述

1)缝面特征及有效性

野外露头裂缝按照张性和剪性力学性质来看，一般张性缝缝面相对粗糙、弯曲不平等(如图 2-12)，而剪性缝缝面光滑平整，偶见擦痕(如图 2-13)；缝面充填物主要以方解石为主，伴有极少数本分的裂缝以泥质充填(如图 2-12)。从缝面条件来看裂缝的有效性与其充填性关系密切。通过测量和统计表明，野外露头上与构造轴向一致的北东组系裂缝充填程度最高，充填率达到 20％，其次为南北组系，充填率为 13.6％，东西组系和南北组系充填程度相对低，分别为 11.88％和 8.66％（如图 2-14、表 2-2）。

图 2-12　邛崃市回龙镇凉风村六组剖面（N30°17′20″，E103°42′19″）

图 2-13　浦江县天柱 3 社剖面（N30°18′53″，E103°46′47″）

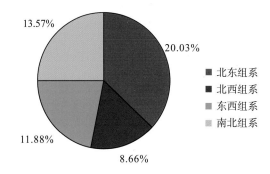

图 2-14　野外露头统计各组系裂缝充填程度分布图

表 2-2　野外观测点裂缝充填程度统计表

点号	北东向充填率	北西向充填率	东西向充填率	南北向充填率
1	—	—	—	0.20
2	0.20	0	0	0.08
3	0.20	0.50	0	0
8	0	0	0.07	0.07
10	0.27	0.11	0.22	0.19
12	0.75	—	1	1
13	0	0	0.13	0
15	0	0.10	0	0.50
16	0.07	0.57	0.13	0.31
20	0.40	0.75	0.33	0.60
22	0.14	0	0.71	0.33
27	—	—	1	1
29	0.46	0.44	—	0
30	0	0	0	0.25
25	0.67	0.44	0.50	0.33
26	—	0.25	0	0
54	0.13	0	0	0.03
19	0.50	0.33	0.33	0.38
47	0.18	0.33	0.13	0.17
44	0.18	0	0	0.22
45	0.17	0	0	0
46	0.33	0.25	0.33	0.40
49	0	0	0.18	0.13
51	0.67	0	0	0
60	0.33	0.57	0.59	0.56
43	0	0.07	0	0.08
42	0	0	0.18	0
38	0	0.40	0	0.33
32	0.38	0	0.10	0
52	0	0.33	0	0
39	0.33	0.08	0.20	0
63	0	0	0	0.03
48	0	0.07	0	0.17
34	0	0	0.10	0
35	0.57	0	0.33	0.20
61	0.44	0.25	0.18	0.48

点号	北东向充填率	北西向充填率	东西向充填率	南北向充填率
57	0.31	0.20	0.40	0
58	0.11	—	0	0.21
28	0.57	—	0	0.18
50	0.15	—	0	0
24	0	0.08	0	0

　　另外裂缝有效性还与裂缝缝面张开宽度有关，本次基于野外对裂缝张开宽度的测量受测量精度的限制，只能估测到 0.1mm，因此测量结果主要集中于小于 0.1mm 和大于 2.0mm 的分布区间内（如图 2-15）。

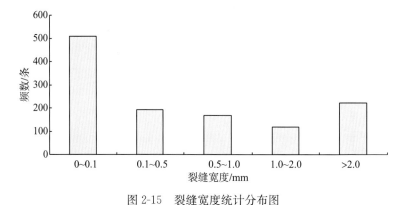

图 2-15　裂缝宽度统计分布图

　　北东组系裂缝的张开宽度测量结果表明：裂缝宽度在 0～0.1mm 分布区间的占 42.31%，0.1～0.5mm 分布区间的占 19.23%，0.5～1.0mm 分布区间的占 12.82%，1.0～2.0mm 分布区间的占 5.13%，大于 2mm 分布区间的占 20.51%（如图 2-16）。

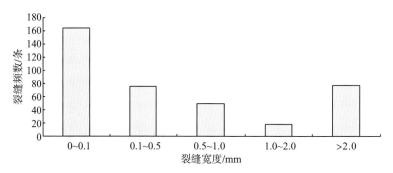

图 2-16　北东组系裂缝宽度统计分布图

　　北西组系裂缝的张开度测量结果表明：裂缝宽度在 0～0.1mm 分布区间的占 40.40%，0.1～0.5mm 分布区间的占 17.68%，0.5～1.0mm 分布区间的占 10.10%，1.0～2.0mm 分布区间的占 12.63%，大于 2mm 分布区间的占 19.19%（如图 2-17）。

　　东西组系裂缝的张开度测量结果表明：裂缝宽度在 0～0.1mm 分布区间的占 35.71%，0.1～0.5mm 分布区间的占 14.29%，0.5～1.0mm 分布区间的占 15.04%，

1.0～2.0mm 分布区间的占 14.29%，大于 2mm 分布区间的占 20.68%（如图 2-18）。

南北组系裂缝的张开度测量结果表明：裂缝宽度在 0～0.1mm 分布区间的占 43.30%，0.1～0.5mm 分布区间的占 13.97%，0.5～1.0mm 分布区间的占 16.76%，1.0～2.0mm 分布区间的占 10.61%，大于 2mm 分布区间的占 15.36%（如图 2-19）。

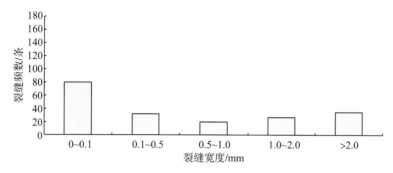

图 2-17　北西组系裂缝宽度统计分布图

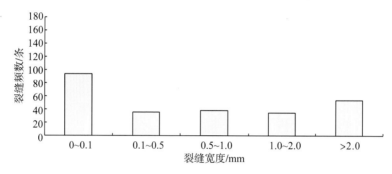

图 2-18　东西组系裂缝宽度统计分布图

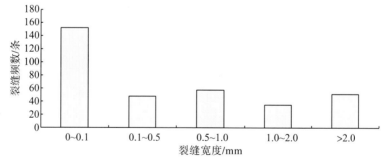

图 2-19　南北组系裂缝宽度统计分布图

2）裂缝产状

通过对 63 个野外调查点裂缝的统计表明：野外露头上裂缝组系主要有北东、北西、近南北和东西向四个组；裂缝组系在调查区中部到东部构造平缓区裂缝产状相对稳定，主要为北东向；北部倾末端裂缝产状受断层控制，断层带上裂缝产状相对杂乱，优势组系不明显，断层带附近裂缝组系主要以与断层走向一致和斜交的两组裂缝为主，其中与断层走向一致的组系为优势组系；西部及南部因地层产状变化大、地层变形大、断层发育，裂缝组系变化比较大。结合新场气田的地质条件，与本次野外调查区的北部倾末端具有相似性，且通过成像测井所反映的新场地区须二段裂缝组系一致，与断层关系密切，因此研究区北部倾末端的裂缝调查可以作为对新场地区须二层段裂缝研究的类比依据（如图 2-20）。

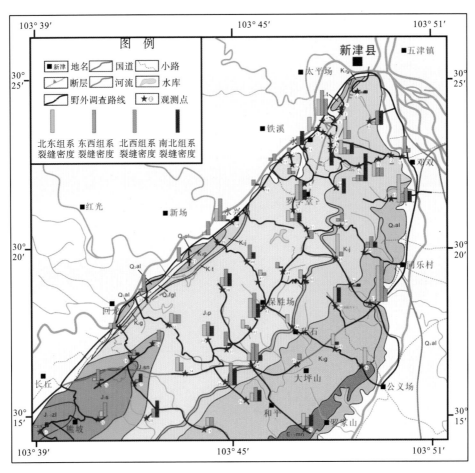

图 2-20   野外各调查点裂缝走向分布图

周文教授于 1998 年以裂缝倾角为基础将裂缝分为五类：①垂直缝，裂缝倾角与水平面夹角为 85°～90°；②高角度斜交缝，裂缝倾角为 45°～85°；③低角度斜交缝，裂缝倾角为 5°～45°；④水平裂缝，倾角为 0°～5°；⑤网状或不规则裂缝。按照这一划分方案，对野外各露头点的统计表明：各组系裂缝产状分布基本一致，裂缝倾角主要分布在 45°～90°范围，即以高角度缝和垂直缝为主，低角度斜交裂缝和水平裂缝次之；其中垂直裂缝占 45.50%，高角度裂缝占 34.19%，低角度裂缝占 14.78%，水平裂缝占 3.48%。而在北东组系裂缝中，垂直裂缝占 42.74%，高角度裂缝占 36.75%，低角度裂缝占 17.95%，水平裂缝占 2.56%（如图 2-21）；在北西组系裂缝中，垂直裂缝占 51.43%，高角度裂缝占 30%，低角度裂缝占 15.71%，水平裂缝占 2.86%（如图 2-22）；在东西组系裂缝中，垂直裂缝占 43.68%，高角度裂缝占 32.18%，低角度裂缝占 20.69%，水平裂缝占 3.45%（如图 2-23）；在南北组系裂缝中，垂直裂缝占 46.09%，高角度裂缝占 35.65%，低角度裂缝占 14.78%，水平裂缝占 3.48%（如图 2-24）。

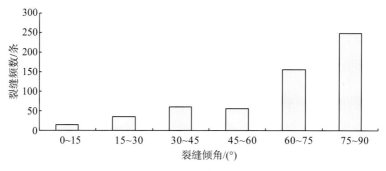

图 2-21 北东组系裂缝倾角统计分布图

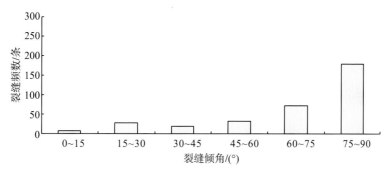

图 2-22 北西组系裂缝倾角统计分布图

3) 发育规模

以裂缝的主要组系为基础统计了各个组系裂缝纵向贯穿规模,主要纵向贯穿规模集中于 10～60cm 和 90～300cm,部分裂缝的纵向贯穿长度超过了 5m(如图 2-11、图 2-25～2-29)。

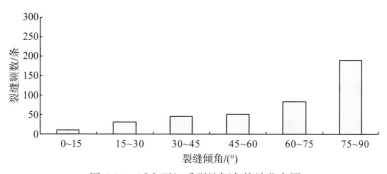

图 2-23 近东西组系裂缝倾角统计分布图

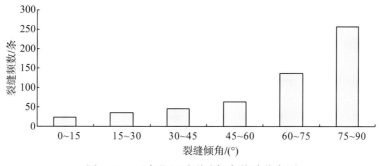

图 2-24 近南北组系裂缝倾角统计分布图

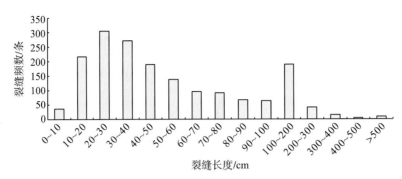

图 2-25　调查各点裂缝纵向贯穿长度分布统计图

不同组系裂缝纵向的贯穿规模存在一定区别，其中北东组系裂缝贯穿长度峰值集中于 10～20cm、90～100cm（如图 2-26），北西组系裂缝贯穿长度峰值平缓的分布在 10～50cm、100～200cm（如图 2-27），东西组系裂缝贯穿长度峰值集中于 20～30cm、100～200cm（如图 2-28），南北组系裂缝贯穿长度峰值分布于 30～40cm、100～200cm（如图 2-29）。

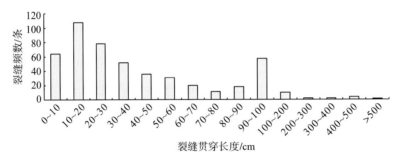

图 2-26　北东组系裂缝纵向贯穿长度分布统计图

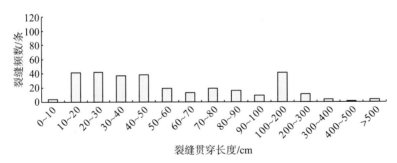

图 2-27　北西组系裂缝纵向贯穿长度分布统计图

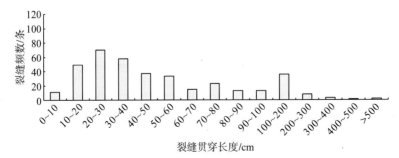

图 2-28　东西组系裂缝纵向贯穿长度分布统计图

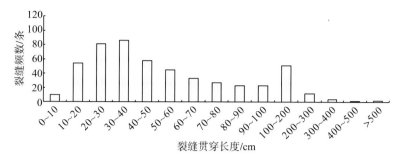

图 2-29　南北组系裂缝纵向贯穿长度分布统计图

4）发育密度

通过对各个野外调查点上裂缝密度的测量与统计表明：断层附近裂缝发育密度与距离断层的距离有关，断层附近裂缝发育密度高，远离断层处裂缝发育密度低（如图 2-30）。

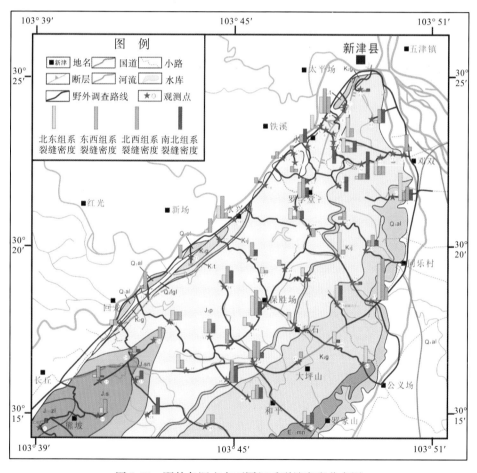

图 2-30　野外各调查点不同组系裂缝密度分布图

4. 采样测试分析

根据野外调查点的情况，裂缝充填物的分布以及基岩样品的完整和新鲜程度，完成了同位素取样 15 个点，共计取样 28 包，声发射取样 4 个点，共计取样 4 组（如图 2-31）。

四、调查工作具体应用

该野外调查工作主要通过裂缝发育特征及主控因素等分析来类比确定新场须二气藏裂缝的成因及形成地质力学环境等。

1. 岩性控制

由于不同岩性的岩石具有不同的成分、结构以及成岩强度，从而导致力学性质存在较大的差异，因此在同样应力条件下岩性的差异对岩石内裂缝的发育有一定的控制作用。其中岩石颗粒及孔隙度大小影响了裂缝的发育程度，随着岩石颗粒和孔隙体积的减小，岩石变得脆而致密，在构造应力作用下容易形成裂缝。砂岩与泥岩相比，砂岩内裂缝发育程度一般高于泥岩内的裂缝发育程度。图 2-32 为 63 个野外剖面点按照砂泥岩分别统计而编制的裂缝密度分布图，从图中可以看出砂岩内裂缝发育程度高于泥岩。

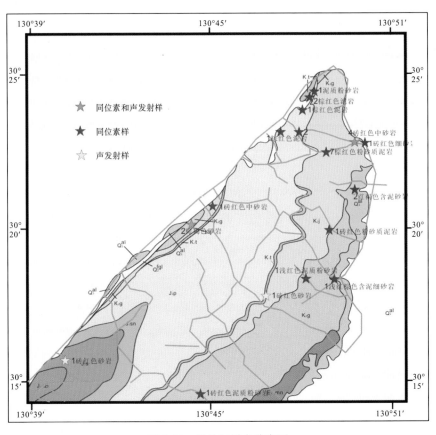

图 2-31　野外取样点分布图

2. 地层厚度控制

岩层的厚度对裂缝的发育往往也具有一定的控制作用，通过对野外调查统计结果来看，砂岩岩层内裂缝发育线密度与岩层厚度呈负指数相关关系（如图 2-33），即表明在其他条件相似的情况下，地层厚度越薄，裂缝发育程度越高，地层厚度越厚，裂缝发育程度越低。

3. 断层控制作用

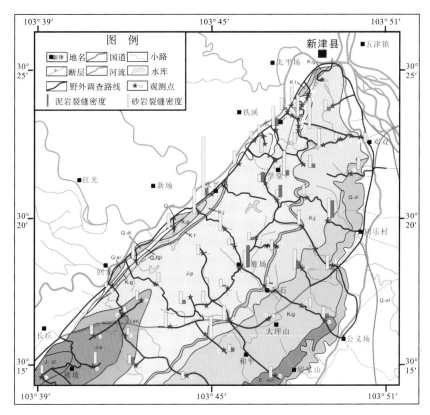

图 2-32　野外各调查点砂泥岩内裂缝密度统计分布图

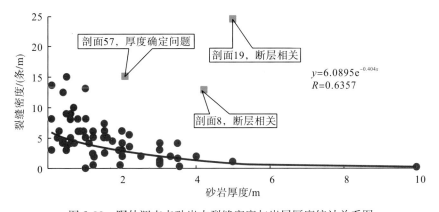

图 2-33　野外调查点砂岩内裂缝密度与岩层厚度统计关系图

野外各露头点的研究，对断层附近裂缝的特征及分布规律进行了细致研究，断层两盘岩层变形导致构造变形中性面以上部位以张性缝相对发育，而中性面以下以剪性裂缝更为发育(如图 2-34)。

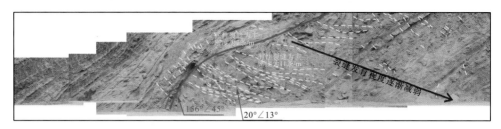

图 2-34　老君山便道怡东 500m 剖面（N30°23′38″，E103°47′52″）

梨花沟剖面分为北西侧剖面（如图 2-35）和南东侧剖面（如图 2-38），在北西侧剖面上发育两条产状较陡的小型正断层，断层之间裂缝密度超过 20 条/m，以高角度缝和垂直缝为主，裂缝组系杂乱；断层两侧网状缝较发育，断层两侧附近 2m 处裂缝密度超过 10条/m（如图 2-36、图 2-37）。

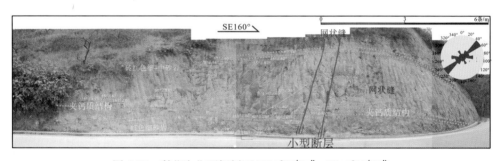

图 2-35　梨花沟北西侧剖面（N30°22′40″，E103°47′43″）

图 2-36　梨花沟北西侧剖面断层北西侧局部放大（N30°22′40″，E103°47′43″）

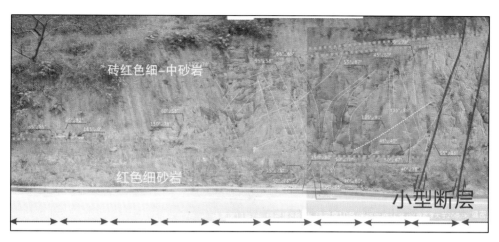

图 2-37　梨花沟北西侧剖面断层南东侧局部放大（N30°22′40″，E103°47′43″）

梨花沟南东侧剖面西南侧发育一条产状较缓的逆断层，该断层附近主要发育近于水平、低角度裂缝，裂缝密度与距离断层的距离关系密切，其中从断层附近到远离断层处裂缝的密度统计依次为 7 条/m、6 条/m 和 5 条/m（如图 2-38）。通过统计可以发现，裂缝发育密度与距离断层之间呈对数负相关关系（如图 2-39）。

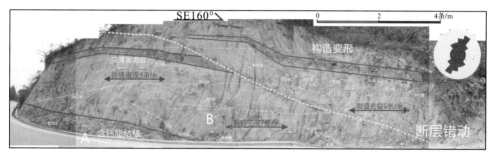

图 2-38　梨花沟南东侧剖面（N30°22′40″，E103°47′43″）

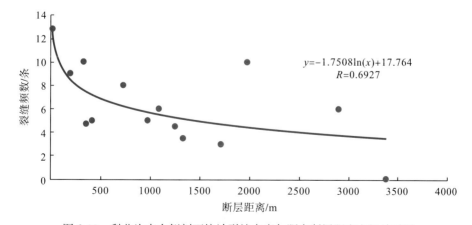

$y=-1.7508\ln(x)+17.764$
$R=0.6927$

图 2-39　梨花沟南东侧剖面统计裂缝密度与距离断层距离之间关系图

第二节   其他野外调查实例

一、鄂尔多斯盆地西南缘红河油田延长组裂缝野外特征

针对鄂尔多斯西南缘红河油田延长组地质特征，在考虑露头区与实际研究工区目的层相似性的基础上，选择了研究工区西南面 5km 崇信汭水河剖面作为研究工区的类比调查剖面（如图 2-40）。该剖面位于崇信西 15km 的铜城乡以西沿汭河至华亭安口镇附近，剖面长 1 至长 10 地层出露完整，为西北倾向单斜构造；整个观测路线长约 4.8km，根据剖面情况沿途采用点测法开展调查，共选择了 6 个观察描述点开展调查研究工作（如图 2-40、表 2-3）。

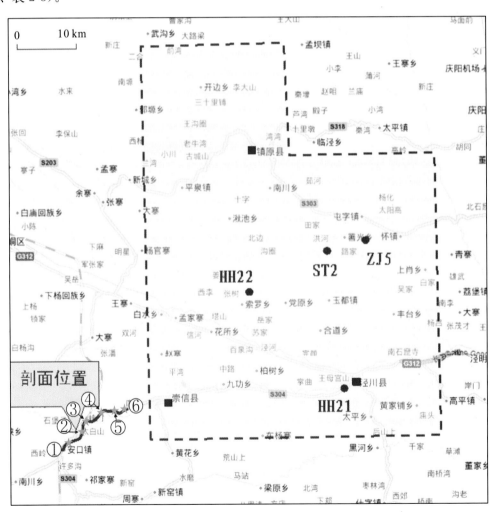

图 2-40   崇信汭水河野外观察路线及定点观察与测量位置图

下面是对上述各点调查描述的详细工作。

表 2-3 汭水河剖面延长组野外点概况

观察点	层位	岩性
①	长 2	砂岩为主，中夹薄层泥岩，黄灰色细砂岩夹煤线
②	长 3	灰色中砂岩夹碳屑，向上为灰绿色、绿色泥岩
②	长 4+5	深灰色泥岩、粉砂质泥岩与浅灰色粉、细、中砂岩呈不等厚互层
③	长 6	灰色泥岩、粉砂质泥岩与灰色粉、细砂岩呈等厚互层
④	长 8	灰色细砂岩，中夹薄层泥岩
⑤	长 9	砂岩夹泥质条带
⑥	长 10	黄灰色砂岩

1. ①号点裂缝描述

①号观察点位于安口镇西南方向，地理位置为东经 E106°48′59″、北纬 N35°14′41.2″，地面海拔约 1267m，剖面走向为 NW 向，在剖面 SE 一侧由于修建公路出露 SW 向断面，因此在该剖面可以实现不同侧面的观察与描述（如图 2-41、图 2-42）。剖面出露地层为长 2 油层组，出露厚度约 12m，岩性以黄灰色细砂岩为主，中间夹杂薄层泥岩及煤线；地层产状为 256°∠36°。通过对地层出露后应力释放产生的卸载缝及层理缝进行鉴定后，该点主要发育两组裂缝，产状分别为 24°∠88°、64°∠59°，其中第一组裂缝纵向延伸规模大，一般在 12m 以上，局部缝面可见残留方解石充填物（如图 2-41、图 2-42）；裂缝发育程度相对较高，在 SW 向剖面上测得线密度约 0.8 条/m（如图 2-42）。

图 2-41 ①号观察点 NW 方向野外调查剖面

2. ②号点裂缝描述

②号点位于东经 E106°49′41.7″、北纬 N35°15′56.5″，地面海拔约 1259m，剖面走向为 SW 向（如图 2-43）。主要出露长 3 油层组、长 4+5 油层组地层；长 4+5 地层产状 255°∠55°，剖面长约 30m，该剖面小断层发育，地层中裂缝规模由厘米至数米级不等，主要发育近 SN 向和近 EW 向两组裂缝，裂缝发育程度高，其线密度可达 0.8~2 条/m（如图 2-43）。

图 2-42   ①号观察点 SW 方向野外调查剖面

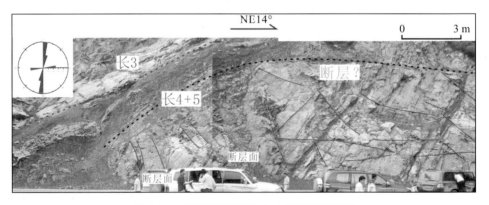

图 2-43   ②号观察点 NE 方向野外调查剖面

3. ③号点裂缝描述

③号观察点位于火车轨道交界处，地理位置为东经 E106°50′23.5″、北纬 N35°16′9.3″，海拔 1240m，地层产状为 280°∠26°主要出露长 6 油层组。剖面上裂缝通过测量为 2~4m，主要发育两个组系，一组为 NW-SE 组系，另一组为 NE-SW 组系，缝面见有擦痕，为一组剪性裂缝（如图 2-44）。

图 2-44　③号观察点 SE 方向野外调查剖面

4. ④号点裂缝描述

④号观察点出露长 8 地层，地理位置为东经 E106°50′41.2″、北纬 N35°16′6.2″，海拔 1242m，地层产状为 281°∠48°，剖面出露长 8 地质，厚度约 60m，主要为灰色细砂岩，夹薄层泥岩。剖面上以发育 NE 组系裂缝为主，其次为 NW 组系裂缝（如图 2-45）。

图 2-45　④号观察点 SE 方向野外调查剖面

5. ⑤号点裂缝描述

⑤号点地理位置为东经 E106°50′56.5″、北纬 N35°16′15.8″，海拔 1245m，出露长 9 油层组，地层厚度 31m，观察测量裂缝纵向延伸长度为 5～25m，主要发育两组产状裂缝，剖面上所测裂缝产状分别为 92°∠39°、101°∠52°、102°∠40°、97°∠45°、166°∠82°（如图 2-46）。裂缝大部分充填，缝面见有擦痕，为共轭剪破裂，其中近 EW 组系为主要组系，近 SN 组系为次要共轭组系（如图 2-47）；剖面上还见有局部变形所致的张性破裂（如图 2-48）。

6. ⑥号点裂缝描述

⑥号点位于整个观察路线的最东面（如图 2-40），地理位置为东经 E106°51′8.5″、北纬 N35°16′19.8″，海拔 1260m，位于整个汭水河剖面单斜构造的西北翼，岩性为黄灰色

砂岩，出露地层为长 10 油层组，厚度约 200m，地层产状 267.7°∠39°。剖面上发育裂缝主要以高角度(75°以上)垂直缝为主，见 NW 和 NE 两组裂缝，其中 NE 组系为主要组系；裂缝充填程度较高，裂缝纵向上贯穿程度大(如图 2-49)。

图 2-46　⑤号观察点 NE 方向野外调查剖面

图 2-47 ⑤号观察点上发育大量剪切破裂

图 2-48　⑤号观察点上局部变形与破裂

综合野外裂缝的调查和分析结果，野外裂缝发育特征主要体现在以下几个方面。

(1)野外所观察裂缝组系较多，主要发育有 NW、NE、近 SN、近 EW 向 4 个组系，其中 SN、NE 组系相对更发育。

(2)裂缝产状主要为高角度、垂直裂缝，裂缝充填程度较高，缝面经常可见擦痕；裂缝力学性质以剪性破裂为主，局部可见由构造变形、断层派生作用形成的张性破裂。

(3)裂缝发育程度相对高，一般可以达到 0.8～1.5 条/m，裂缝纵向延伸规模可达到 2m 以上，裂缝穿层能力强。

图 2-49　⑥号观察点 NE 方向野外调查剖面

二、鄂尔多斯盆地西缘麻黄山油田中生界裂缝野外特征

1. 野外调查位置及方案的确定

麻黄山油田地处鄂尔多斯盆地西缘冲断带，地表为黄土覆盖，地理环境较为恶劣，且地势相对平坦，露头出露情况较差（罗桂滨，2008）；通过野外踏勘，最终确定了研究工区西北面的石沟驿向斜和磁窑堡背斜具备出露调查条件，且构造条件具有相似性，出露地层一致，并且通过对这两个构造的进一步踏勘，最终设计确定采用多构造相似点点测法进行调查（如表 2-4、图 2-50）。

表 2-4　野外露头观察点概况

观察点	层位	岩性
1	侏罗系延安组	以砾岩为主，从底至上变细，中间夹一层灰砂岩
2	侏罗系延安组	灰黄色，中到细砂岩
3	三叠系延长组	薄到中厚层的砂岩与泥岩互层，砂岩为细到中粒
4	三叠系铜川组	灰黄色，中到细砂岩
5	三叠系铜川组	以灰绿色中砂岩为主，有含铁质的细砂岩夹层
6	侏罗系延安组	中到细砂岩
7	三叠系铜川组	最底部为肉红色粉砂岩，其上有棕红色和绿色泥岩、黄灰色的泥质粉砂岩、灰色细砂岩

该调查中多构造相似点点测法中的定点尽可能兼顾了构造部位、层位、岩性等因素对裂缝发育的影响，共定点 8 个，其中对前 7 个点进行了描述和统计研究，第 8 个点为回程中顺带观测点（如图 2-50）。

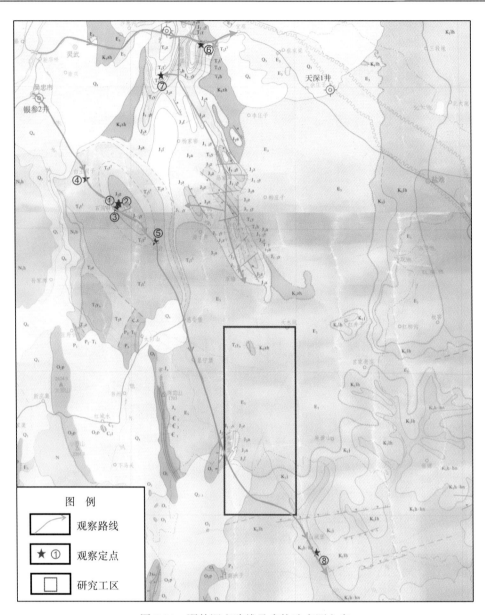

图 2-50 野外调查路线及多构造点测方案

2. 野外露头裂缝发育特征

1) 石沟驿向斜裂缝的调查

石沟驿向斜位于研究区的西北面，是一个轴向为 NW 的向斜构造，向斜自核部向翼部依次出露侏罗系直罗组、延安组以及三叠系延长组、纸坊组地层。调查中考虑了向斜的构造部位如核部、翼部及其地层层位的差异对裂缝发育特征及分布的影响，具体设计了野外调查路线。路线自西北向东南方向沿着吴忠市至惠安堡国道顺轴线方向横穿了石沟驿向斜，并沿途定了 5 个观测描述点(如图 2-51)。由于①号点与②号点实际位置相近，在观察统计时归入②号点一并做统计分析。

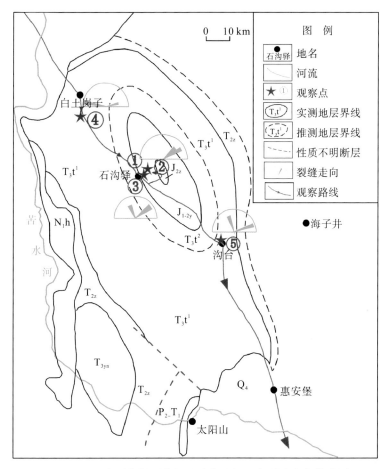

图 2-51 石沟驿向斜野外调查路线及调查点裂缝走向统计图

（1）②号点裂缝特征。

②号点位于石沟驿煤矿采煤洞处，地理位置为东经 106°28′36″、北纬 37°44′6″，地面海拔高程为 1242m。构造处于石沟驿向斜西翼近核部，产状为 SE150°∠44°，出露层位为侏罗系延安组，岩性为细到中粒的灰黄色砂岩，厚度 10～90cm，与薄的泥岩层呈互层出现（如图 2-52）。该露头下部发育一套煤岩层，该点附近几个煤矿正在针对该套煤层进行开采。

通过对野外剖面裂缝的鉴定、描述和统计来看，主要具有三个方面的特征。其一，裂缝发育长度主要分布于 8～90cm，其中长度大于 20cm 的裂缝往往能贯穿砂岩及相邻泥岩甚至砂岩地层（图 2-52 中裂缝 B）；而限制在地层内部的裂缝一般规模较小（图 2-52 中裂缝 A、图 2-53 中垂直裂缝与高角度裂缝）。其二，从露头局部裂缝特征的辨认，除垂直及高角度裂缝发育外，还存在一些近于水平的破裂缝，主要为层理、地层界面等薄弱力学面在地层抬升上覆应力卸载后所致，不作为裂缝描述和统计范围（如图 2-53）。其三，裂缝的组系方向主要为 SW213°～SW230°，平均为 SW222°，该方向与石沟驿向斜的轴线垂直；裂缝的倾角统计为 71°～90°，平均为 82°，主要发育垂直裂缝（如图 2-53）。

图 2-52　②号观测点 SE 向野外调查剖面

（2）③号点裂缝特征。

③号点位于石沟驿往南公路旁小河里，地理位置为东经 106°27′42″、北纬 37°43′36″，地面海拔高程为 1217m。构造处于石沟驿向斜西翼近核部，产状为 SE136°∠45°，出露层位为三叠系延长组，岩性为细到中粒的灰黄色砂岩，夹薄的泥岩层呈互层出现（如图 2-54）。

③号观测点裂缝组系清晰，两组裂缝产状分别为 SE175°∠78° 和 SW220°∠86°，该两组裂缝的存在造成出露露头呈阶梯状，两组裂缝多数切穿了所在砂岩层，裂缝纵向发育长度为 40～90cm（如图 2-55）。

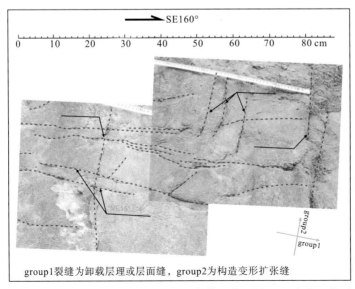

group1裂缝为卸载层理或层面缝，group2为构造变形扩张缝

图 2-53　②号观测点局部裂缝特征（局部位置位于图 2-52 中的 C 位置）

图 2-54　③号观测点 SW 向野外调查剖面

图 2-55　③号观测点野外剖面 A 段裂缝特征

（3）④号观测点裂缝特征。

④号点位于石沟驿以北 12km 211 国道旁，地理位置为东经 106°22′12″、北纬 37°47′42″，地面海拔高程为 1180m。构造处于石沟驿向斜西北翼，产状为 107°∠56°，出露层位为三叠系铜川组，岩性为细到中粒的灰色砂岩。

④号观测点上能清晰见有呈共轭剪切裂缝，该类裂缝一般未见充填物（图 2-56a）；另外见一组产状大于 75°，缝面普遍见有充填物的高角度张性缝（图 2-56b）。

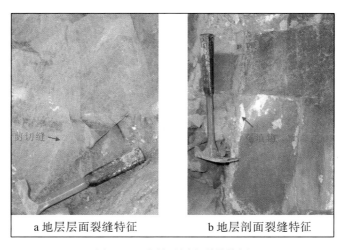

| a 地层层面裂缝特征 | b 地层剖面裂缝特征 |

图 2-56　④号观测点裂缝特征

（4）⑤号观测点裂缝特征。

⑤号点位于青山嘴公路旁，地理位置为东经 106°35′7.2″、北纬 37°36′16.2″，地面海拔高程为 1371m。构造处于石沟驿向斜东南翼，构造产状为 SE165°∠56°，出露层位为三

叠系铜川组，岩性为细到中粒的灰色、灰绿色砂岩（如图 2-57）。该剖面沿路为 SE 向，在顺公路 NW 方向因人工开挖存在 NW 断面也可供观测（如图 2-59）。

图 2-57　⑤号观测点 SE 向野外调查剖面

　　该观测点裂缝特征表现为：该观测点 SE 和 NE 两个方向地层剖面上共观察到 4 组裂缝，其中第一组为图 2-58 中 group1 组系裂缝，其产状为 NE72°～NE78°∠78°～90°，是一组近垂直岩层的裂缝；第二组 group2 为沿地层面、层理面等岩层中水平力学薄弱面卸载展开所致，为卸载缝；第三组 group3 和第四组 group4 组系产状分别为 SE165°∠77°和 SE165°∠85°，为同组系、产状略有差异的裂缝（如图 2-58、图 2-59）；从裂缝的缝面充填情况来看，图中的 group1、group3、group4 组系均见到不同程度的充填物，这几组裂缝为垂直或高角度张性裂缝（如图 2-59）。

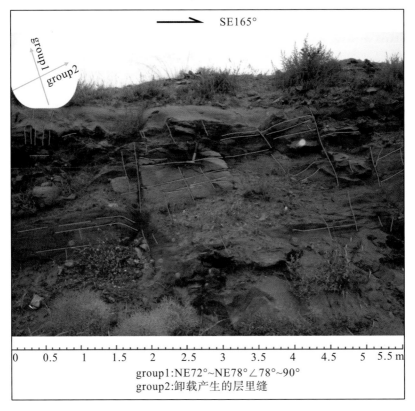

图 2-58　⑤号观测点 SE 向剖面局部裂缝特征

图 2-59 ⑤号观测点 NE 向剖面局部裂缝观察剖面

综合石沟驿向斜裂缝的调查来看：一是各观察点裂缝产状均有一组 NE 向优势组系，该组系裂缝为向斜变形所形成的扩张缝；另外还出现与向斜轴线成夹角关系的 NW、NWW 优势组系裂缝，这两组裂缝为早期形成的剪切裂缝，由于该向斜属于短轴向斜，在向斜不同部位其 NW、NE 两个方向上变形有差异，因此也在 NE 向变形强的部位形成了 NW、NWW 优势组系扩张缝。二是张性裂缝见有不同程度的充填物，充填物以方解石为主，剪性缝少见充填物。三是裂缝穿层延伸现象普遍，多数能贯穿相邻的泥岩、砂岩等多套层系，能够较好的起到纵向贯通作用。

2）磁窑堡背斜裂缝的调查

磁窑堡背斜位于研究区北西面，由两个轴向为南北的背斜构成马鞍状构造（如图 2-60），背斜自核部向翼部依次出露地层为三叠系纸坊组、铜川组、延长组以及侏罗系延安组、直罗组。调查中根据背斜构造部位、地层层位等对裂缝发育特征设计了野外调查路线，第一条路线为沿着沙葱沟横穿背斜轴线至宝塔，第二条路线沿着两个背斜之间设定路线经磁窑堡往南行走。由于该背斜大部分地区表面黄土覆盖严重，定点难度大，通过上述路线的沿途踏勘，于古窑子采石场及公路上见有较好出露点，并定点⑥号、⑦号进行观察和描述（如图 2-60）。

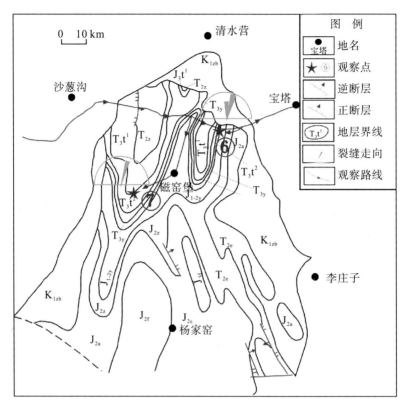

图 2-60　磁窑堡背斜野外调查路线及调查点裂缝走向统计图

(1)⑥号观测点裂缝特征。

⑥号点位于银川至青岛国道古窑子以东 3km 处，地理位置为东经 106°42′7.2″、北纬 38°6′13.8″，地面海拔高程为 1363m。构造处于磁窑堡复背斜东面背斜的东翼近核部，产状为 SE165°∠43°，出露层位为侏罗系延安组，岩性为细到中粒灰色、灰黄色砂岩，砂岩厚度一般为 0.2～3m，中间夹薄的泥岩(如图 2-61)。

⑥号观测点出露地层厚度约 12m，共观察到两组裂缝。其中第一组 group1 裂缝为垂直裂缝，该组裂缝走向为 SN 向，与背斜轴向一致，属于背斜变形所致纵张缝；该组裂缝缝面局部见充填物，其充填程度和普遍程度不如石沟驿向斜内裂缝；裂缝纵向长度为 0.3～2.5m，部分发育于砂层内部，也存在一些纵向切穿上下邻层的规模较大的裂缝(如图 2-61、图 2-62)。另外一组 group2 裂缝近于水平，均为沿着层理、地层层面破裂，为卸载缝(如图 2-61、图 2-62)。

(2)⑦号观测点裂缝特征。

⑦号点位于银川至青岛国道古窑子以西 1km 处的公路旁，地理位置为东经 106°36′28.8″、北纬 38°7′25.8″，地面海拔高程为 1294m。构造处于磁窑堡复背斜西面背斜的南翼，产状为 NE225°∠13°，出露层位为三叠系铜川组，岩性为细到中粒灰色、灰黄色砂岩，砂岩厚度一般为 0.1～1.6m，中间夹薄的泥岩(如图 2-63)。

图 2-61　⑥号观测点 SE 向野外调查剖面

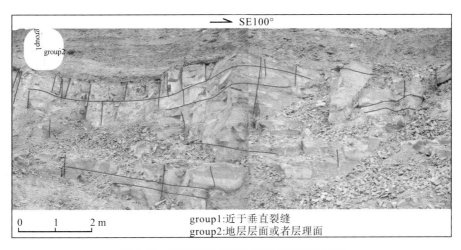

图 2-62　⑥号观测点野外剖面东段裂缝特征

⑦观测点裂缝发育特征类似⑥号观测点，主要发育两组裂缝，其中近垂直裂缝为构造变形所致裂缝，近水平组系为卸载缝。垂直裂缝的走向为顺背斜轴线 SN 向，裂缝长度一般为 0.1~0.85m，具有纵向观测和沟通能力（如图 2-63）。

综合磁窑堡背斜裂缝观察的结果表明：背斜上裂缝发育组系清晰单一，主要发育因构造变形所致的纵张缝，一般沿着背斜的轴向发育，裂缝缝面局部见有充填物，裂缝具有一定的纵向贯穿沟通能力。

图 2-63   ⑦号观测点 SE 向野外调查剖面

3. 野外裂缝调查总结

通过对麻黄山周边相似露头区进行的野外裂缝地面调查，野外观测点基本上能反映出裂缝的基本特征，通过统计和归纳，野外裂缝的总体特征如下。

(1)通过对各观测点裂缝组系的测量及各组系裂缝力学性质的分析，认为所发育裂缝应该以构造变形成因裂缝为主，非构造变形裂缝次之。石沟驿向斜中核部强变形部位所见裂缝组系单一，产状主要以垂直轴向组系的垂直裂缝为主，属于向斜弯曲所致扩张缝；而弱变形部位因为这种扩张缝不发育，仅发现少量地层变形前受挤压环境形成的区域剪切缝。磁窑堡背斜上所见裂缝主要以平行于轴向的垂直裂缝为主，属于构造变形所致的纵张缝。

(2)各观测点所能观察到的裂缝纵向延伸长度从 0.1~3m 不等，而以切穿发育层段贯穿上下邻层甚至数层的裂缝居多，表明了该区域裂缝纵向贯穿和沟通作用较强，对油气成藏过程中的疏导和开发过程中的流动具有重要的作用。

(3)部分垂直裂缝具有充填特征，所见充填物以方解石为主。

(4)各点裂缝发育密度统计表明了裂缝发育程度受构造部位及变形强度控制，即构造的核部、轴部等强变形部位裂缝发育程度相对大(如表 2-5、图 2-64)。

表 2-5   构造位置观察点裂缝的密度

观察点	处于构造的位置	裂缝密度/(条/cm)	出露层厚/m
②	向斜核部	0.018	3.7
③	向斜核部	0.016	10.7
④	向斜翼部	0.009	8
⑤	向斜翼部	0.011	11.4
⑥	背斜核部	0.025	12
⑦	背斜翼部	0.014	20

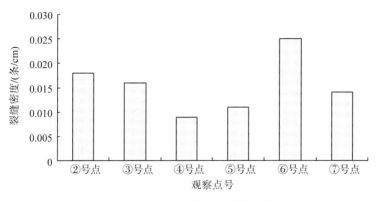

图 2-64　各观测点裂缝线密度统计图

第三节　钻井岩心描述技术

钻井岩心是来自井下地层最直接、最直观、最真实的样本，通过岩心可以对裂缝产状、有效张开度、发育密度、力学性质、组系关系、充填程度、含油气性等进行研究，能总体把握裂缝的发育特征；其研究成果作为裂缝研究的约束条件，为测井、地震、实验分析等提供支持和刻度，因而是油气藏裂缝研究的最为有效的基本方法。下面就以鄂尔多斯盆地西缘麻黄山油田中生界油藏钻井岩心的描述工作为例来阐述本节内容。

一、钻井岩心描述井点设计

鄂尔多斯盆地西缘麻黄山油田地跨宁夏回族自治区盐池县和甘肃省环县，区块东西宽约 19.3km，南北长约 46.4km，面积为 848.55km^2（扣除摆宴井油田控制面积）（邓虎成等，2009；张娟等，2009）。该区中石油长庆油田、中石化华北油气分公司先后投入了物化探普查、地震详查及地质钻探工作，先后在中生界三叠系延长组和侏罗系延安组发现了油气显示和一系列中小型油田，如马家滩、大水坑、红井子、摆宴井、马坊等油田。该地区在构造位置上处于鄂尔多斯盆地西缘冲断带南段，向东与天环向斜中段衔接过渡带；区内构造条件复杂，各类断裂、局部构造样式多样。因此基于该区的油气勘探工作、地层及构造条件，充分考虑了钻井岩心描述井点能够在全区具有一定的覆盖性、各类构造及断裂分布情况、钻井取心段及长度等，确定了 26 口钻井岩心描述井点，其取心情况及区域分布情况见图 2-65、表 2-6。

二、描述内容

1. 裂缝的甄别

与野外调查一样，钻井取心描述过程中要对各类破裂面进行甄别并辨别真实的裂缝，这是基于岩心裂缝描述和研究的基础。

　　依据多年的经验，从岩心取心过程中诱发破裂的情况、室内外各类破裂实验的结果、岩石破裂的地质力学环境及地球化学环境等，对裂缝的甄别总结如下。

　　裂缝一般具有的特征为：①缝面见有与泥浆无关的次生矿物或胶结物，但对于一些盐类或石膏晶体可能存在于诱导缝中，视具体地质环境进行分析；②裂缝切割方向与岩层面垂直；③具有呈平行组系或共轭组系的破裂面；④缝面见有各类擦痕或阶步；⑤结合钻井、测井资料相互印证，如岩心破裂面坐在层段处钻井出现钻时加快、井漏现象，测井出现声波跳跃、三孔隙度测井增加等特征可判断为裂缝。

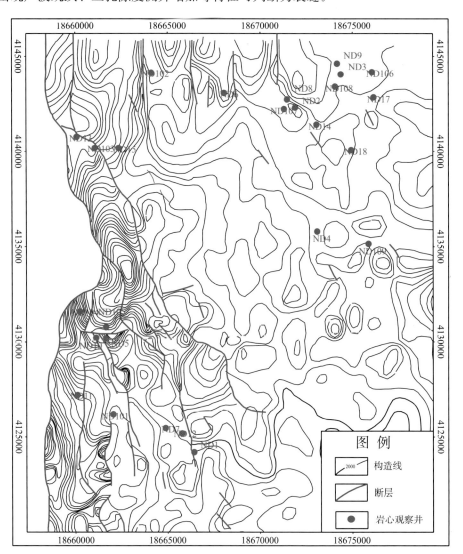

图 2-65　鄂尔多斯盆地西缘麻黄山油田中生界油藏裂缝描述井点分布图

　　而对于非地质条件下真实裂缝主要表现为：①出现不规则的破裂面或呈现贝壳状断口；②沿破裂面方向有岩心抓的划痕或定向取心沟槽痕迹，可能为诱导破裂；③与层面、层理面及各种纹层面等力学薄弱面一致的新鲜面且无次生矿物充填的破裂缝；④由岩心扭动造成的弧形破裂；⑤呈环形或缝面在同一深度附近发生走向及倾向变化，一般为卸载造成的破裂；⑥如无确定证据，对于缝面新鲜的破裂视为诱导裂缝；⑦取心出筒应力卸载后，出现的饼裂现象，导致岩心破裂呈饼状，岩饼厚度在 1~5cm 左右，每一段饼裂的饼厚相对整齐，有些岩心还没断成饼状，呈"隐式"破裂，仔细观察可见互相叠重的裂缝环带，岩饼断面新鲜，无擦痕、阶步或是充填物，这种饼裂现象不作为裂缝对待，为诱导缝。

表 2-6　所选钻井岩心描述井及取心段统计表

区域	井名	延3	延4	延5	延6	延7	延8	延9	延10	长3	长4	长5	长6	长7	和尚沟组
西面	ND1 井					√			√						
	ND5 井						√	√	√	√		√	√		
	ND7 井			√											
	ND10 井						√	√							
	ND11 井						√	√	√						
	ND12 井					√		√							
	ND13 井														√
	ND15 井						√	√			√	√	√		
	ND101 井							√				√			
	ND103 井									√		√	√		
	ND104 井														√
	ND105 井						√	√							
东面	ND6 井						√	√	√			√			
	ND8 井							√	√						
	ND9 井					√									
	ND14 井						√	√				√	√		
	ND17 井	√	√	√	√		√			√		√	√		
	ND18 井					√	√	√			√	√			
	ND102 井											√	√		
	ND106 井									√		√	√		
	ND107 井							√	√						
	ND108 井					√	√								
	ND109 井					√	√		√			√		√	
	ND2 井						√	√	√	√		√			
	ND3 井				√		√	√			√	√			
	ND4 井				√				√	√		√			

2. 裂缝产状特征

按照裂缝倾角大于 75° 为垂直裂缝，倾角为 45°~75° 的为高角度斜交裂缝，倾角为 15°~45° 的为低角度斜交裂缝，低于 15° 的为水平裂缝的分类标准；根据岩心裂缝描述来看，主要发育高角度斜交裂缝和垂直裂缝（如图 2-66、图 2-67），其次为低角度斜交裂缝，水平裂缝相对不发育(如图2-68)。

　　26口取心井岩心裂缝倾角统计表明：裂缝以垂直裂缝和高角度斜交裂缝为主，其中裂缝倾角为70°~80°的占26.7%，80°~90°的占46.7%；低角度斜交裂缝和水平裂缝少见，倾角小于50°的仅占7.5%，50°~60°的占8.3%，60°~70°的占10.8%(如图2-69)。而在垂直裂缝和高角度斜交裂缝中又以垂直裂缝更为发育，占67.5%；研究区东、西面的对比来看，东面钻井岩心中垂直裂缝占55%，西面钻井岩心中垂直裂缝占12.5%，东面钻井岩心中斜交裂缝占21.7%，西面钻井岩心中斜交裂缝占10.8%(如图2-70)。

图2-66　ND4井，井深2519.47~2522.29m，长6含泥质粉砂岩内发育垂直裂缝

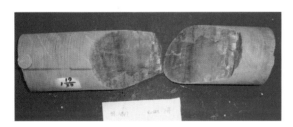

图2-67　ND17井，井深1995.77~1996.08m，延4泥岩内发育高角度斜交裂缝

图2-68　ND17井，井深1994.36~1994.51m，延4泥岩内发育水平、低角度斜交裂缝

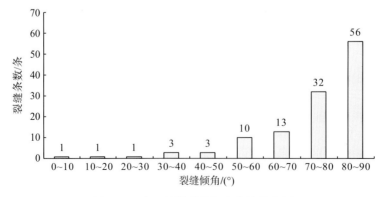

图2-69　岩心统计裂缝倾角统计分布图

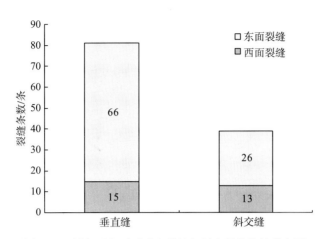

图 2-70 研究区东西面垂直裂缝与斜交裂缝统计分布图

3. 裂缝力学性质

从裂缝形成的力学性质来看，主要为剪切作用下的剪切裂缝和拉张作用下的拉张裂缝两种；结合实验室模拟形成的这两种裂缝的缝面特征，总结了多期次成因裂缝力学性质。区别与判断的主要依据如下。

剪切裂缝的主要特征为：①一般缝面见擦痕或者阶步，呈现明显的剪切面特征，通过对 26 口取心井岩心裂缝缝面特征的研究发现主要存在剖面型（如图 2-71～图 2-73）、斜交型（如图 2-74、图 2-75）、平面型（如图 2-76）、共轭斜交型（如图 2-75）等多种剪切类型剪切缝；②缝面在剪切作用下如擦痕阶步不明显，一般缝面光滑平整，少见充填物（如图 2-77）；③存在共轭组系（如图 2-78）。

图 2-71 ND2 井，井深 2137.67～2137.83m，延 9 浅灰色细砂岩剖面型剪切缝

图 2-72 ND17 井，井深 1004.36～1994.51m，延 3 灰色泥岩内剖面型剪切缝

拉张裂缝的主要特征为：①在拉张作用下，裂缝缝面呈现粗糙、凹凸不平、弯曲状等特征（如图 2-79）；②岩心上以平行组系出现，构成雁行式组系特征（如图 2-80、图 2-81）；③拉张作用下所致拉张缝在形成时有效性高，易在粗糙缝面形成各类充填物（如图 2-82）。

图 2-73　ND17 井，井深 1995.77～1996.08m，延 4
泥质粉砂岩发育剖面型剪切裂缝

图 2-74　ND4 井，井深 2515.93～2516.23m，
长 6 灰色泥质粉砂岩发育斜交型剪切裂缝

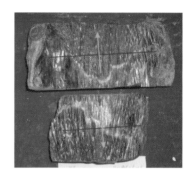

图 2-75 ND105 井，井深 2218.06～2218.39m，延 9 泥岩发
育斜交型剪切裂缝

图 2-76　ND105 井，井深 2210.92～
2211.01m，延 9 深灰色泥岩发育
平面型剪切缝

图 2-77　ND102 井，井深 2514.97～2517.82m，长 6 浅灰色粉砂岩发育缝面光滑剪切裂缝

图 2-78 ND105 井，井深 2211.02～2211.95m，延 9 浅灰色细砂岩高角度共轭型剪切裂缝

图 2-79 ND2 井，井深 2124.96～2125.51m，延 8 浅灰色中砂岩拉张裂缝

图 2-80 ND13 井，井深 2155.8～2155.54m，纸坊组呈平行组系高角度拉张裂缝

图 2-81 ND2 井，井深 2162.1～2162.5m，延 9 粗砂岩呈平行组系垂直拉张裂缝

图 2-82 ND4 井，井深 2515.93～2516.23m，长 6 灰色泥质粉砂岩充填型拉张裂缝

4. 裂缝有效性

岩心裂缝有效性的研究主要有两个方面，一是裂缝缝面充填性的描述和统计；二是对未充填裂缝缝面张开宽度的测量与统计。

1) 裂缝的充填特征

通过对岩心裂缝缝面充填性的描述，在岩心的各类岩性中都见有不同程度的充填物，充填物类型主要为泥质和方解石，充填特征如下。

(1) 充填裂缝主要发育在高角度斜交裂缝或者垂直裂缝(图 2-83)、成组系或者网状裂缝内(图 2-84)，充填物主要为方解石。

图 2-83　ND106 井，井深 2473.41～2474.37m，长 5 细砂岩发育一条完全充填垂直裂缝

(2) 煤岩层中所见充填裂缝往往为网状厘米级裂缝(如图 2-85)。

(3) 低角度斜交裂缝、剪切裂缝一般充填物少见。

(4) 不整合面附近可见泥质充填裂缝，主要在不整合面之下地层裂缝中发育(如图 2-86)。

(5) ND4 井可见张开宽度超过 10cm 且被方解石完全充填的裂缝(如图 2-82)，主要为该井附近断层沟通热液形成的同生期充填成因所致。

(6) 裂缝的充填主要发育于砂岩和煤岩中，泥岩内裂缝充填少见；在贯穿泥岩和砂岩的垂直裂缝内，砂岩内裂缝充填程度高于泥岩内裂缝(如图 2-87)。

(7) 研究区东部钻井岩心裂缝充填程度高，西部仅 ND11 井局部充填。

图 2-84　ND4 井，井深 2516.23～2516.47m，长 6 粉砂岩发育多组系网状充填裂缝

图 2-85　ND6 井，井深 2089.03～2189.12m，延 9 煤岩内发育网状充填裂缝

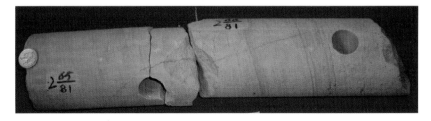

图 2-86　ND4 井，井深 2266.06～2266.58m，延 10 细砂岩内发育泥质充填高角度裂缝

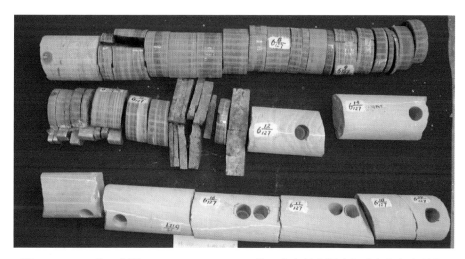

图 2-87　ND3 井，井深 2486.99～2489.50m，长 6 发育贯穿泥岩与砂岩高角度裂缝，其中砂岩内裂缝充填，泥岩内裂缝未充填

2）未充填裂缝张开宽度

根据研究区 26 口钻井岩心非充填裂缝的张开宽度的测量和统计，其特征如下。

（1）裂缝的张开宽度主要集中于两个区，即裂缝张开宽度小于 0.2mm 的低值区，占 16.7%，另外一个集中区为裂缝宽度大于 0.9mm 的高值区，占 20%（如图 2-88）。

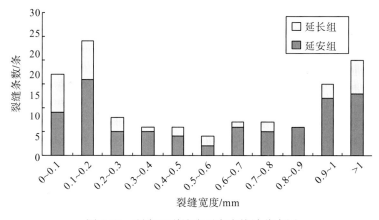

图 2-88　研究区裂缝张开宽度统计分布图

（2）裂缝张开宽度小于 0.2mm 的 20 条裂缝中有 16 条分布在泥岩或者泥质岩类中，占 80%，其中斜交裂缝 15 条，占 75%；裂缝张开宽度大于 0.9mm 的 24 条裂缝中有 18 条分布在砂岩中，占 75%，其中垂直裂缝 21 条，占 87.5%，表明了泥质岩类裂缝张开宽度低，砂岩类裂缝张开宽度高，斜交裂缝张开宽度相对低，垂直裂缝张开宽度相对高。

（3）从延长组与延安组统计对比来看，延安组裂缝张开宽度略大于延长组，特别是裂缝张开宽度大于 0.4mm 的分布区内（如图 2-88）。

5. 裂缝发育规模

1）裂缝长度

26 口钻井岩心裂缝长度分布于厘米级、米级，长度统计分布呈现双峰形，第一峰值为 0～30cm，占统计的 64.2%，第二峰值为大于 100cm，占统计的 12.5%（如图 2-89）。裂缝的长度分布主要分布于 10～20cm、20～30cm，分别占 29.2%、22.5%；其次是小于 10cm 和大于 100cm，各占 12.5%；其他分布区间的占比相对少。延安组裂缝长度的分布趋势与总的统计分布趋势基本一致；而延长组的裂缝长度主要分布于 10～20cm、20～30cm 和大于 100cm 三个区间，各占 22.5%、20%、22.5%，其裂缝规模相对延安组更大，在纵向上的贯穿和沟通作用更强。

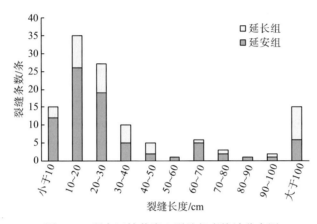

图 2-89　研究区钻井岩心裂缝长度统计分布图

2）裂缝发育密度

通过统计取心段内单位取心长度内裂缝的条数（裂缝线密度）来对裂缝的发育程度进行统计，统计表明：延安组裂缝发育线密度为 0～0.33 条/m，平均为 0.12 条/m；延长组裂缝发育线密度为 0～0.57 条/m，平均为 0.08 条/m；各井整个取心段裂缝发育线密度为 0～0.32 条/m，平均为 0.1 条/m，延安组岩心段裂缝发育程度略高于延长组（见表 2-7）。

表 2-7　研究区钻井岩心裂缝线密度统计图

井名	裂缝线密度/（条/m）		
	延安组取心段	延长组取心段	全取心段
ND1	0.11	未取心	0.11
ND2	0.16	0.00	0.12
ND3	0.17	0.03	0.11
ND4	0.15	0.57	0.32
ND5	0.17	0.00	0.12
ND6	0.33	0.00	0.16
ND7	0.13	未取心	0.13

井名	裂缝线密度/(条/m)		
	延安组取心段	延长组取心段	全取心段
ND8	0.06	未取心	0.06
ND9	0.04	未取心	0.04
ND10	0.00	未取心	0.00
ND11	0.22	未取心	0.22
ND12	0.11	未取心	0.11
ND13	未取心	未取心	未取心
ND14	0.09	0.02	0.04
ND15	0.09	0.00	0.02
ND17	0.23	0.18	0.20
ND18	0.02	0.07	0.04
ND101	未取心	0.00	0.00
ND102	未取心	0.10	0.10
ND103	未取心	0.02	0.02
ND104	0.00	0.00	0.00
ND105	0.26	未取心	0.26
ND106	未取心	0.19	0.19
ND107	0.00	0.00	0.00
ND108	0.06	未取心	0.06
ND109	0.23	0.07	0.10

6. 裂缝分布特征

1）不同层位裂缝分布特征

26 口取心井裂缝描述层位主要为三叠系延长组、侏罗系延安组，仅 2 口井有三叠系和尚沟组的取心。整个延安组的延 1、延 2 油层组多数区域已被剥蚀，各井未能取到心；延 3 油层组共见 4 条裂缝，均为垂直裂缝；延 4 油层组仅观察到 1 条垂直裂缝；延 5 油层组共见 6 条裂缝，其中垂直裂缝 4 条，斜交裂缝 2 条；延 6 油层组共见 9 条裂缝，其中垂直裂缝 5 条，斜交裂缝 4 条；延 7 油层组共见 4 条裂缝，其中垂直裂缝 3 条，斜交裂缝 1 条；延 8 油层组共见 21 条裂缝，其中垂直裂缝 12 条，斜交裂缝 9 条；延 9 油组共见 28 条裂缝，其中垂直裂缝 16 条，斜交裂缝 12 条；延 10 油层组共见 8 条裂缝，其中垂直裂缝 6 条，斜交裂缝 2 条(如图 2-90)。延长组长 1、长 2 油层组多数区域已被剥蚀，未能取到相应岩心；长 3 油层组共见 3 条裂缝，均为垂直裂缝；长 4 油层组未见有裂缝；长 5 油层组仅见 1 条斜交裂缝；长 6 油层组共见 27 条裂缝，其中垂直裂缝 25 条，斜交裂缝 2 条；长 7 油层组共见 4 条裂缝，均为垂直裂缝；长 8、长 9、长 10 油层组均未钻穿，未获得取心；和尚沟组见 4 条裂缝，其中垂直裂缝与斜交裂缝各 2 条(如图 2-90)。

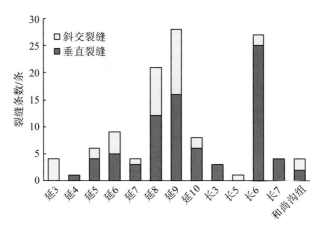

图 2-90　研究区延长组、延安组及和尚沟组不同油层组裂缝发育统计分布图

　　研究区按照东、西面分区统计来看，西面钻井取心所见裂缝主要集中于延安组，延长组仅长 6 油层组见 1 条裂缝（如图 2-91）；而东面延长组钻井岩心所见裂缝相对发育，特别是长 6 油层组发现了 22 条裂缝，主要为垂直裂缝（如图 2-92）。

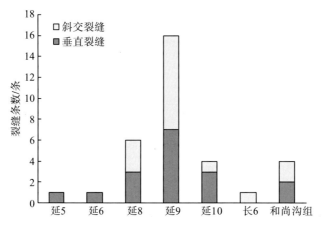

图 2-91　研究区西面延长组、延安组及和尚沟组不同油层组裂缝发育统计分布图

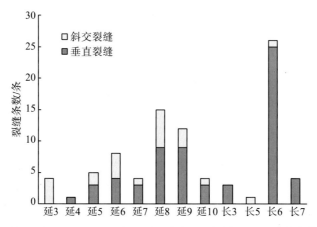

图 2-92　研究区东面延长组、延安组及和尚沟组不同油层组裂缝发育统计分布图

对上述统计情况进一步统计表明：①钻井岩心所见裂缝在层段上主要集中于延安组，共计 83 条，占 69.2%，其次为延长组，共计 37 条，占 30.8%；在油层组上，延安组主要集中于延 8、延 9 油层组，各占延安组所见裂缝的 30% 和 34.6%，而延长组主要集中于长 6 油层组，占延长组所见裂缝的 77.14%。②斜交裂缝主要发育于延安组地层，延安组统计的所有裂缝中斜交裂缝占 41%；而延长组统计的所有裂缝中斜交裂缝仅占 8.57%，主要以垂直裂缝为主。③研究区西面钻井取心上所见裂缝主要集中分布于延安组，东面钻井取心上所见裂缝延长组相对发育，且主要集中于长 6 油层组。

2)不同岩性裂缝分布特征

从不同岩性段内裂缝发育程度的统计来看，钻井岩心上裂缝在各种岩性中均有发育。在煤岩中共见 10 条裂缝，其中垂直裂缝 7 条，斜交裂缝 3 条；泥岩中共见 21 条裂缝，其中垂直裂缝 10 条，斜交裂缝 11 条；粉砂质泥岩中共见 12 条裂缝，其中垂直裂缝 5 条，斜交裂缝 7 条；泥质粉砂岩中共见 18 条裂缝，其中垂直裂缝 17 条，斜交裂缝 1 条；粉砂岩中共见 5 条，其中垂直裂缝 3 条，斜交裂缝 2 条；细砂岩中共见 39 条裂缝，其中垂直裂缝 28 条，斜交裂缝 11 条；中砂岩中共见 12 条裂缝，其中垂直裂缝 8 条，斜交裂缝 4 条；粗砂岩中共见 3 条裂缝，均为垂直裂缝(如图 2-93)。

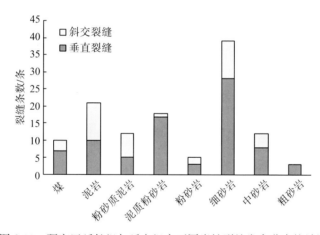

图 2-93　研究区延长组与延安组内不同岩性裂缝发育分布统计图

上述钻井岩心上裂缝的统计表明：细砂岩内裂缝相对最发育，占 32.5%；其次依次为泥岩、泥质粉砂岩、中砂岩、粉砂质泥岩、煤、粉砂岩、粗砂岩。各类岩性中斜交裂缝与垂直裂缝发育的比例为粉砂质泥岩、泥岩最高，分别为 7∶5 和 11∶10，斜交裂缝所占比例均超过 50%；其次是粉砂岩和煤，分别为 2∶3 和 3∶7，斜交裂缝所占比例分别为 40% 和 30%；而粗砂岩、中砂岩、细砂岩中斜交裂缝与垂直裂缝出现的比例相对较小(小于 30% 左右)，甚至不出现斜交裂缝(如粗砂岩中)。统计反映了斜交裂缝在粒度较细的岩性中更为发育，而垂直裂缝在粒度较粗的岩性中更为发育。

另外对研究工区延长组与延安组内不同岩性裂缝的发育情况按东、西面分区统计的结果与上述统计结果基本一致(如图 2-94、图 2-95)。

7. 裂缝组构、成因、期次等分析

通过钻井岩心还可以针对裂缝的组系、组合关系、裂缝期次、裂缝成因等进行分析和研究，针对裂缝充填物、裂缝赋存的基质等进行配套的测试分析工作；这部分内容在第四章、第五章有详细论述。

三、描述工作具体应用

钻井岩心裂缝的描述工作主要用于对裂缝基本特征的把握、井剖面裂缝解释过程中的标定（第三章中论述）、裂缝期次确定（第四章中论述）、裂缝发育控制因素及成因分析（第五章中论述）、裂缝预测结果的评价与验证（第六章中论述）、裂缝有效性评价（第七章中论述）、油气开发过程中的开发措施及对策研究（第八章中论述）等，相关应用情况在后续章节中将有详细论述。

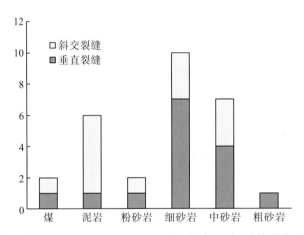

图 2-94　研究区西面延长组与延安组内不同岩性裂缝发育分布统计图

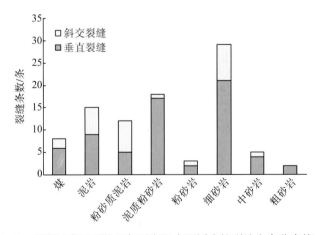

图 2-95　研究区东面延长组与延安组内不同岩性裂缝发育分布统计图

第四节　其他地区钻井岩心描述实例

一、鄂尔多斯盆地南缘泾河油田长 8 油层组裂缝取心特征

1. 裂缝产状及组系

泾河油田 12 口取心井长 8 油层组裂缝描述、统计表明：岩心观察裂缝主要为垂直裂缝和高角度斜交裂缝，有少量低角度裂缝和水平缝发育，其中垂直裂缝占 55%，高角度斜交裂缝占 32%，低角度斜交裂缝、水平裂缝及其他类型裂缝占 13%（如图 2-96）；裂缝倾角多集中于 60°~90°，低于 60°的裂缝相对不发育（如图 2-97）。

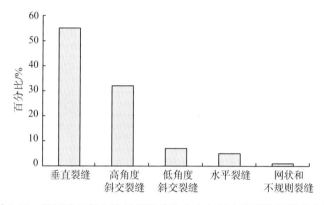

图 2-96　泾河油田长 8 油层组钻井取心中各类产状裂缝统计分布图

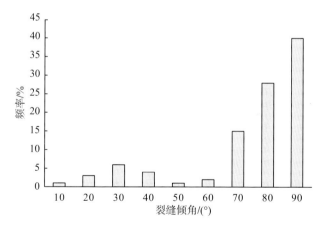

图 2-97　泾河油田长 8 油层组钻井取心中裂缝倾角分布图

综合野外露头实测和成像测井资料解释，泾河油田长 8 油层组裂缝的组系主要为NE-SW 组系。其中野外露头调查实测 3 个点反映出裂缝走向主要为 NE-SW 组系，其他组系裂缝发育规模小，部分主要受断裂带的影响而造成走向不稳定，甚至变得杂乱；5口井的成像测井资料解释结果表明：裂缝走向整体为 NE-SW 组系，仅 JH22 井的裂缝走向发育少量 NW-NE 组系（如图 2-98~图 2-103）。

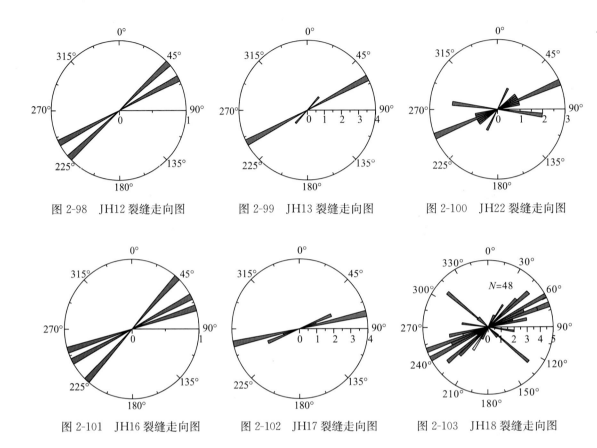

图 2-98　JH12 裂缝走向图　　　图 2-99　JH13 裂缝走向图　　　图 2-100　JH22 裂缝走向图

图 2-101　JH16 裂缝走向图　　　图 2-102　JH17 裂缝走向图　　　图 2-103　JH18 裂缝走向图

2. 裂缝发育规模

取心井岩心上裂缝高度(即裂缝纵向长度)一般小于 1.0m，裂缝高度主要分布在 10～20cm，仅 JH9、JH13、泾河 23、泾河 55、泾河 63 等井可见 1～5m 长未充填垂直裂缝(如图 2-104)。

3. 裂缝发育密度

取心井岩心段裂缝线密度统计计算表明：长 8 油层组裂缝平均线密度为 0.05 条/m，仅 JH9、JH63 井裂缝线密度超过 0.2 条/m(如图 2-105)。根据各井点岩心统计线密度的平面分布来看，裂缝发育程度在平面上具有较强的非均质性。

4. 裂缝缝面特征

岩心上裂缝的缝面总体为平整、光滑，缝面两壁面常呈现闭合状态，缝面相对干净，偶见少量次生方解石矿物充填(图 2-106a、b)；存在平面"X"共轭型剪破裂(图 2-106c)和剖面型擦痕(图 2-106d)。

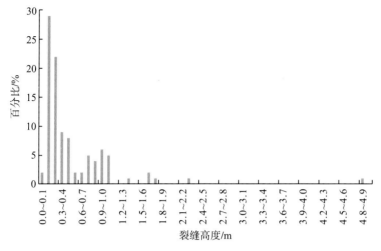

图 2-104　泾河油田长 8 油层组取心井岩心裂缝高度统计分布图

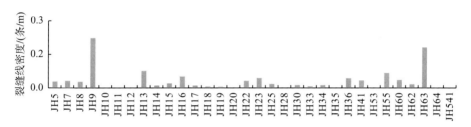

图 2-105　泾河油田长 8 油层组取心井岩心裂缝线密度统计分布图

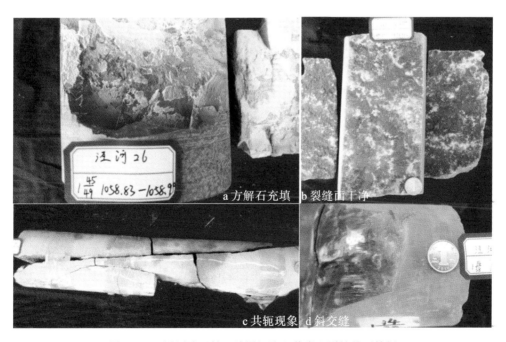

图 2-106　泾河油田长 8 油层组取心井岩心裂缝缝面特征

5. 裂缝有效性

通过岩心描述统计,各类岩性中都见有不同程度的充填,充填物类型主要为泥质和方解石两种充填(如图 2-107);其中完全充填裂缝占 8.08%,半充填裂缝占 1.01%,未充填裂缝占 90.91%(如图 2-108);总体来看完全充填缝和半充填缝相对欠发育,裂缝充填程度较低。因此从充填的角度来看研究区裂缝的有效性是相对较高的,且大多数裂缝为开启缝。这一认识在成像测井上也可以得到印证,成像测井解释主要为低阻的开启有效缝(如图 2-109)。

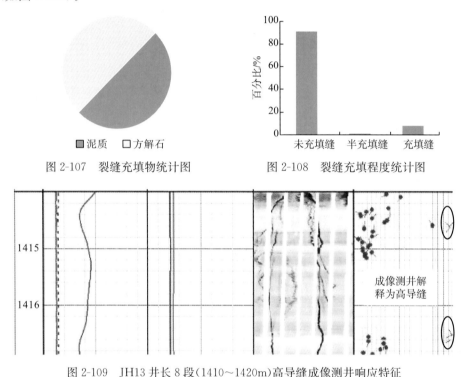

图 2-107　裂缝充填物统计图　　　　　　图 2-108　裂缝充填程度统计图

图 2-109　JH13 井长 8 段(1410～1420m)高导缝成像测井响应特征

二、鄂尔多斯盆地西南缘红河油田长 9 油层组裂缝取心特征

1. 裂缝产状及组系特征

通过 12 口取心井的岩心裂缝的描述和统计,裂缝主要以高角度裂缝和垂裂缝为主(如图 2-110～图 2-112)。岩心裂缝产状测量及统计表明:裂缝倾角主要分布于 45°～90°,并主要集中于 70°以上,此结果与野外裂缝观测结果一致;按照裂缝产状分类的标准,主要以垂直裂缝和高角度斜交裂缝为主,垂直裂缝和高角度斜交裂缝中又以高角度斜交裂缝更为发育,其中高角度斜交裂缝占 61%;垂直裂缝占 22.1%,水平裂缝和低角度斜交裂缝较少,分别占 11.6%和 5.3%(如图 2-113)。从不同岩性内裂缝的发育情况来看,砂岩和泥岩中裂缝均发育,相较而言砂岩中裂缝的发育程度高于泥岩,砂岩内裂缝以高角度裂缝为主,其次是垂直裂缝,而泥岩内主要为低角度斜交裂缝和垂直裂缝(如图 2-114)。

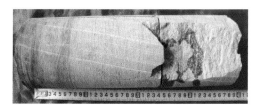

图 2-110　HH52 井 1867m 井段裂缝特征

图 2-111　HH42 井 1791m 井段裂缝特征

图 2-112　HH58 井 1762m 井段裂缝特征

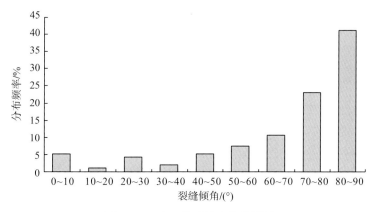

图 2-113　取心井裂缝产状统计图

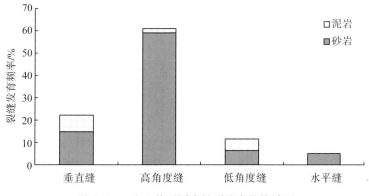

图 2-114　取心井不同岩性裂缝产状统计图

　　针对研究工区收集到的 14 口成像测井资料的解释和统计，成像测井反映的裂缝产状也主要以高角度裂缝和垂直裂缝为主（如图 2-115、图 2-116），裂缝倾角主要分布于 60°～

90°（如图 2-117）。成像测井所反映的裂缝组系主要以 NE-SW 组系为主，其次为 EW、SN 组系，还存在少量 NW-SE 组系（如图 2-118）。

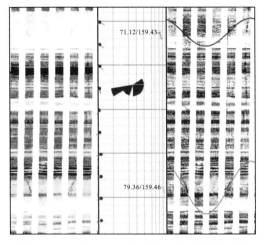

图 2-115　HH90 长 9 成像测井高角度裂缝特征

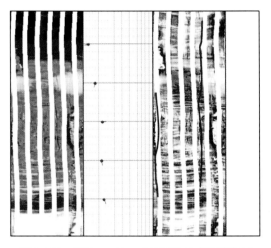

图 2-116　HH55-5 长 9 成像测井垂直裂缝特征

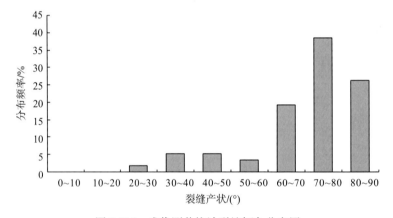

图 2-117　成像测井统计裂缝倾角分布图

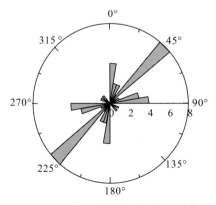

图 2-118　成像测井统计裂缝走向分布图

2. 裂缝发育程度及规模

长 9 油层组岩心裂缝统计反映了其发育程度具有较强的非均质性，尤其是发育程度高的岩心段呈现为连续破碎段（如图 2-119、2-120）。岩心统计裂缝纵向发育规模主要集中于 10～20cm，占 45.65%，其次为 0～10cm、20～30cm，分别占 30.43%、15.22%，其他分布区间较少（如图 2-121），大于 100cm 的裂缝也在个别井段发育（如图 2-122、图 2-123）。

根据对不同岩性内裂缝的发育程度的统计来看，裂缝在泥岩、粉砂质泥岩、泥质粉砂岩、粉砂岩、细砂岩、中砂岩和粗砂岩中均有发育，其中粗砂岩中发育 8 条，占 7.2%，中砂岩中发育 19 条，占 17.1%，细砂岩中发育 56 条，占 50.4%，粉砂岩中发育 9 条，占 8.1%，泥质粉砂岩中发育 3 条，占 2.7%，粉砂质泥岩中发育 7 条，泥岩中发育 9 条，粉砂质泥岩和泥岩共占 14.4%（图 2-124）；岩心上的统计表明了长 9 油层组裂缝在砂岩内最为发育，泥岩中欠发育；另外从裂缝发育规模来看，砂岩与泥岩内裂缝发育规模的分布基本一致（如图 2-121）。

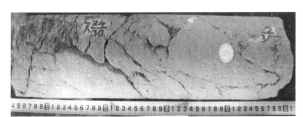

图 2-119　HH42 井长 9 油层组岩心主要破碎段

图 2-120　HH52 井长 9 油层组岩心破碎段

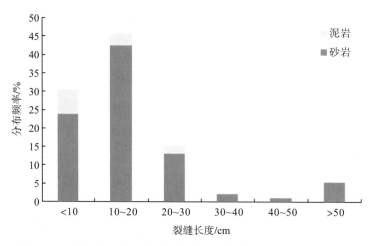

图 2-121　红河油田长 9 油层组钻井岩心统计裂缝纵向长度分布图

图 2-122　HH52 井长 9 油层组贯穿砂泥岩较大规模裂缝特征

图 2-123　HH54 井长 9 油层组贯穿砂泥岩较大规模裂缝特征

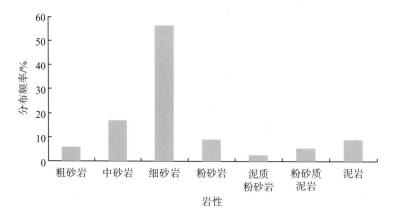

图 2-124　红河油田长 9 油层组钻井岩心不同岩性内裂缝统计分布图

3. 裂缝充填特征及有效性

裂缝的充填物以方解石为主，其中部分岩心裂缝缝面上可以看到方解石、石英等多期充填物，表明了裂缝的多期活动性（如图 2-125、图 2-126）；同时完全充填和半充填裂缝缝面上见过油痕迹，说明了裂缝充填后在油气充注时期活动张开，为有效状态（如图 2-125、图 2-126）。

图 2-125　HH52 井长 9 油层组缝面方解石充填及过油痕迹特征（方解石充填）

图 2-126　HH52 井长 9 油层组缝面充填及过油痕迹特征（石英、方解石充填）

根据岩心裂缝充填情况的统计表明：砂岩中未充填裂缝、半充填裂缝、全充填裂缝占砂岩内总裂缝比例分别为 33％、34％、33％（如图 2-127）；泥岩中未充填裂缝、半充填裂缝、全充填裂缝占泥岩内总裂缝比例分别为 30％、20％、50％（如图 2-128）。总体来看岩心上裂缝充填率较高，接近 70％，且砂岩内裂缝充填程度略低于泥岩。

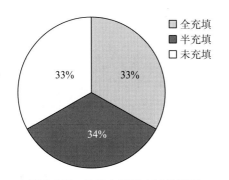

图 2-127　砂岩内裂缝充填统计图

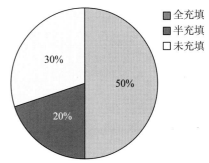

图 2-128　泥岩内裂缝充填统计图

4. 裂缝力学性质

岩心观察中，砂岩与泥岩内均见有平面"X"形剪破裂，往往共轭出现（如图 2-129～图 2-134）。在砂岩中可见大量张性缝（如图 2-135、图 2-136）。长 9 段岩心裂缝分岩性对其中的拉张缝和剪切缝进行了统计，其中剪切缝在泥岩中较砂岩内更为发育，拉张缝在砂岩中较泥岩更为发育，总体上拉张缝发育程度高于剪切缝（如图 2-137）。

图 2-129　HH56 井 2112m
泥岩剪切裂缝

图 2-130　HH56 井 2015m
泥岩剪切裂缝

图 2-131　HH53 井 2002m
泥岩剪切裂缝

图 2-132　HH58 井 1900m
砂岩剪切裂缝

图 2-133　HH42 井 1783m
砂岩剪切裂缝

图 2-134　HH42 井 1792m
砂岩剪切裂缝

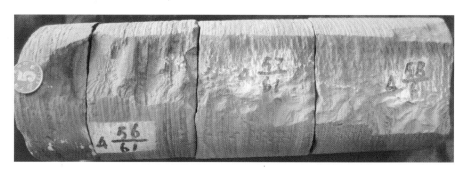
图 2-135　HH51 井 1869m 泥质粉砂岩拉张裂缝

图 2-136　HH52 井 1857m 砂岩拉张裂缝

　　综合上述裂缝缝面特征及力学性质判断，研究区长 9 油层组内的拉张裂缝与剪切裂缝发育，其中剪切裂缝缝面可见擦痕，存在剖面型、平面型、斜交型、共轭斜交型等多种剖面类型，缝面光滑平整，偶见充填物，共轭组系发育，剪切方向及类型多；而拉张裂缝缝面粗糙、凹凸不平、呈弯曲状等特征，缝面多见方解石等充填物，往往容易以平行组系发育。

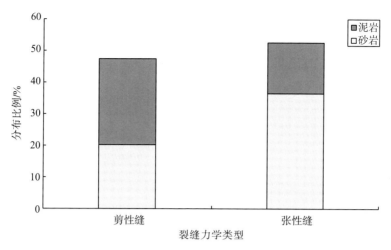

图 2-137 不同岩性裂缝类型分布图

三、四川盆地西缘新场气田须家河组裂缝取心特征

根据对四川盆地西缘新场气田须家河组 14 口取心井 403.42m 取心段进行的裂缝鉴定，对其中 129 条裂缝进行了详细地描述、测量和统计（如表 2-8）。描述、测量及统计获得的裂缝特征如下。

表 2-8 钻井取心井裂缝统计表

井号	裂缝条数	井号	裂缝条数
CX560	6	X10	14
CX565	28	X11	5
X3	4	X12	3
X5	16	X101	8
X6	7	X201	21
X7	2	X203	4
X8	7	X501	4

（1）岩心上发育的裂缝见有低角度斜交缝（如图 2-138）、高角度缝（如图 2-139、图 2-140）和垂直缝（如图 2-141），见擦痕（如图 2-140），水平缝偶见。

（2）岩心裂缝产状统计结果见图 2-142，其中倾角大于 85°的裂缝共计 52 条，占统计裂缝数的 40.31%；倾角大于 45°小于 85°的裂缝共计 55 条，占统计裂缝数的 42.64%；倾角大于 5°小于 45°的裂缝共计 21 条，占统计裂缝数的 16.28%；倾角小于 5°的裂缝 1 条，占统计裂缝数的 0.78%。岩心上裂缝统计表明，主要以高角度裂缝和垂直裂缝为主，低角度斜交裂缝和水平裂缝次之。

（3）裂缝的充填特征决定了后期裂缝的有效性，搞清楚裂缝充填特征对气藏的开发具有重要意义。通过对研究区须二段裂缝充填特征进行描述和统计发现，研究区须二段发育的垂直裂缝和高角度裂缝主要为未充填裂缝，占所有裂缝的 70.54%，半充填裂缝和全充填裂缝均占 14.73%；而全充填裂缝在垂直裂缝、高角度裂缝、低角度裂缝中均有分布，分别占 15.38%、12.73% 和 19.05%，表明全充填裂缝在低角度裂缝中所占比例略大；因此从岩心上来看，须二段有效裂缝主要为垂直裂缝和高角度裂缝（如图 2-143）。

图 2-138　X201 井，4920.8～4921m，发育倾角 30°未充填低角度裂缝

图 2-139　X501 井，5251.28～5251.33m，发育倾角 55°全充填高角度裂缝

图 2-140　X11 井，5018.31～5018.4m，发育一组正交剪切裂缝

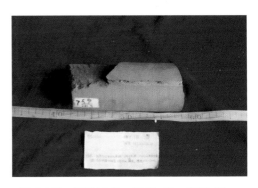

图 2-141　CX565 井，5058.66～5058.88m，发育半充填垂直裂缝

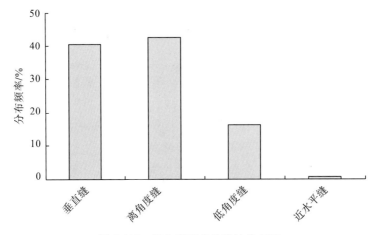

图 2-142　岩心裂缝产状统计分布图

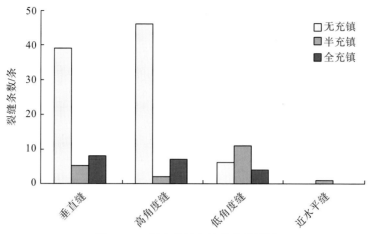

图 2-143　岩心裂缝充填程度统计图

（4）分岩性统计取心段的裂缝发育特征表明：须二段裂缝主要发育在中－细砂岩及中砂岩中，分别占取心段观测到裂缝总数的 39.53％和 24.03％，其次为细砂岩、中－粗砂岩和泥质粉砂岩，粗砂岩中发育相对较少（如图 2-144）。

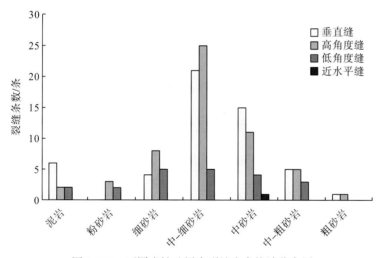

图 2-144　不同岩性地层中裂缝发育统计分布图

（5）对岩心裂缝发育长度的统计表明，裂缝长度分布主要在 10～20cm 和 20～30cm 这两个区间，分别占 35.29％、20.59％；此外裂缝长度大于 150cm 的占 5.88％（如图 2-145）。

（6）研究区须二段取心上裂缝张开宽度主要分布于 0.1～0.2mm、1.0～2.0mm 两个区间，分别占 30.43％和 26.09％，而张开宽度大于 5mm 的裂缝占 4.35％（如图 2-146）。此外，根据岩心裂缝充填情况来分析，未充填裂缝张开宽度均小于 0.6mm，半充填裂缝张开宽度均大于 1.0mm，全充填裂缝张开宽度分布较广，主要分布于 1.0～2.0mm 区间。从以上分析可以看出，岩心上观察到的有效裂缝（包括未充填裂缝和半充填裂缝）张开宽度虽分布较广，但主要分布于小于 2.0mm；而且张开宽度越宽的裂缝充填程度相对越高，也反映了其形成的时间相对较早。

（7）根据取心段进尺及裂缝辨别结果，统计计算了 14 口取心观察井取心段裂缝线密度，统计结果表明：取心段单井裂缝线密度差异较大，CX565、XC6、X101、X201、

X10、X5 等井裂缝线密度较大，分别达到 0.8722 条/m、0.8000 条/m、0.7563 条/m、0.4362 条/m、0.4281 条/m 和 0.4512 条/m；其他井取心段裂缝的线密度相对较低，最小的井为 XC12 井，其单井裂缝线密度为 0.0975 条/m；须二取心段裂缝平均线密度为 0.3929 条/m(如图 2-147)；单井取心段之间线密度的差异，也反映了研究区目的层裂缝发育具有较强的非均质性。

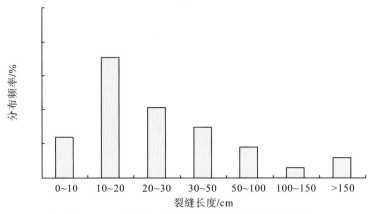

图 2-145　钻井取心中裂缝发育长度统计分布图

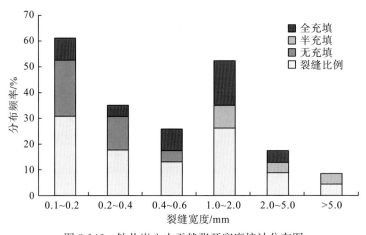

图 2-146　钻井岩心中天然张开宽度统计分布图

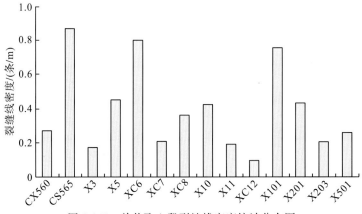

图 2-147　单井取心段裂缝线密度统计分布图

第三章 井剖面识别技术

第一节 井剖面裂缝响应特征

一、钻录井响应特征

钻录井过程中，钻遇裂缝发育段时往往容易出现井漏、钻速加快、放空等典型特征，下面是红河油田长 8 油层组两口井裂缝段的钻录井特征。

HH267 井在钻井过程中，钻遇延长组时多次发生井漏，其中在长 8 油层组发生大漏，泥浆只进不出，出现井壁坍塌，为典型裂缝发育段；钻至 2205～2227m 处有油气显示，此处岩性为浅灰色油斑细砂岩，岩屑具油味，含油整体较好，顶部、底部较差（如图 3-1）。

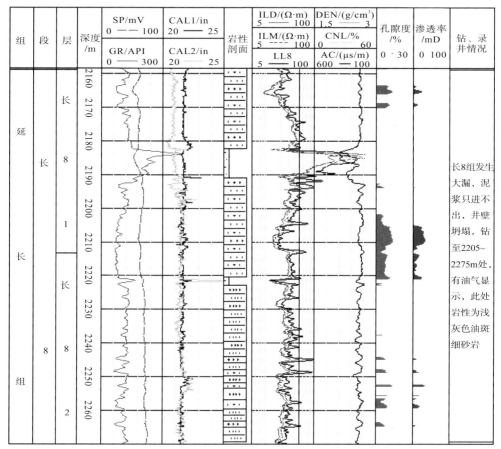

图 3-1 HH267 井长 8 油层组裂缝发育段钻录井特征

HH26-6 井钻至井深 2178.14m 时出现井漏，并且井口不返浆，16min 后停泵，总共漏失量 956m³，气测异常显示至 2173m；岩屑捞至 2172m，2173～2178m 段的岩屑未能返出；第三天继续开泵钻进，补捞岩屑，直到捞取 2181m 的岩屑才恢复正常，且 2181～2184m 段岩屑有油气显示，级别为油迹。二次开泵钻井 5h 钻至井深 2230m 时再次出现井漏，井口不返浆，漏失量 490m³，强行钻进至井深 2235.54m，仍无泥浆返出，17min后停泵，配浆静止堵漏，2213～2235m 井段岩屑未返出；至第二天 7 点开泵循环，补捞取岩屑，直到捞取 2240m 的岩屑，才恢复正常，该段无油气显示，两端漏失井段结合其他资料被判断为裂缝发育段（如图 3-2）。

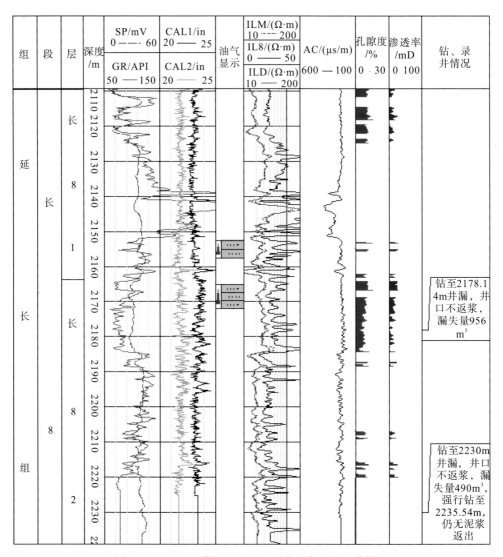

图 3-2　HH26-6 井长 8 油层组裂缝发育段钻录井特征

二、成像测井响应特征

成像测井由于其分辨率高、全井眼扫描的优势，因此可以比较直观地反映井筒上的地质现象，如层理、裂缝、缝合线、泥质条带、致密地层、溶蚀孔洞等；当然在反映这些地质现象的时候，也收到钻井过程引起的一些诱导干扰信息，如压裂缝、井壁崩落等；因此还需结合地质、工程条件对成像测井所反映的井筒剖面地质信息进行甄别和具体分析。下面是在井筒剖面裂缝识别中需要加以区别的几种结构影像特征。

(1)层理：层理在成像图上往往是一组相互平行或接近平行、连续、完整、均匀的高电导率异常，各种层理在成像图上都能得到很好地反映，不同的层理反映了不同的沉积环境条件。

(2)应力释放缝：在成像图上表现为在其两侧有两组羽毛状的微小裂缝，或彼此平行，或共轭相交，它们以 180°或近于 180°之差对称地出现在井壁上。在双侧向测井曲线上出现特有的"双轨"现象，即深浅双侧向曲线表现为大段平直的正差异异常，且电阻率数值较高。

(3)缝合线：缝合线是压溶作用的结果，在成像图上表现为两侧有近垂直于缝合面的细微的高电导率异常，形态上往往呈锯齿状；当压溶作用主要来自于上覆岩层压力时，缝合线基本平行于层理面；当压溶作用主要来自于水平构造挤压作用时，缝合线基本垂直于层理面。

(4)泥质条带：在成像图上，泥质条带的高电导率异常一般较规则，只有在构造运动强烈而发生柔性变形时才出现剧烈弯曲，但宽窄变化仍不会很大，即泥质条带有较清晰的边界，且内部色差较均匀。

(5)致密层：在成像图上表现为相对均匀的亮色低电导率异常。

(6)井壁崩落：井壁崩落一般形成具有方向性的椭圆井眼，在一定层段上下有一致性且呈 180°对称分布两条暗色条带。

(7)溶蚀孔洞：溶孔在成像图上一般表现为低电导率异常(暗色)圆形，边缘呈侵染状，大小不一，无方向性，可在 360°方位上随机分布。

上述 7 种结构是需要在裂缝识别过程中加以甄别的。一般裂缝在直井的成像图上表现为一系列宽窄变化、带溶蚀、随意切割地层、幅度变化大的可中断的电导率异常的正弦线，可分为水平裂缝、斜交裂缝和垂直裂缝(高角度裂缝)，各类裂缝在成像图上的影像特征见图 3-3。

裂缝的影像特征还受其充填情况的影响，根据裂缝里是否有充填物以及充填程度等，可以将裂缝分为未充填裂缝、半充填裂缝和完全充填裂缝；其中充填裂缝又分为泥质等低阻充填裂缝和方解石、硅质等高阻充填裂缝。裂缝有效张开程度以及充填物质导电性的差异性，在电阻率成像测井上可以表现为连续暗色、不连续暗色、连续亮色、不连续亮色等四种类型，对应为连续传导裂缝、不连续传导裂缝、连续高阻裂缝、不连续高阻裂缝。

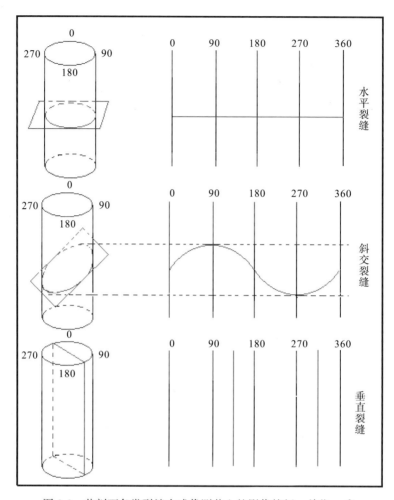

图 3-3　井剖面各类裂缝在成像测井上的影像特征　单位：(°)

　　连续传导裂缝是有效程度较高的一类裂缝，在钻井过程中由于泥浆的浸入，表现为高电导率异常，通常为高角度缝，为完整的正弦波形暗色曲线影像切穿整个井筒，该类裂缝与岩心和薄片上所识别的有效张开裂缝相对应。图 3-4、图 3-5 分别为阿曼 DALEEL 油田 DL-128H1 井、DL-137H1 井上所发育的连续传导裂缝特征。

　　不连续传导裂缝总体上也表现为高电导率异常，通常也为高角度裂缝，基本特征为正弦波形不连续暗色曲线影像特征，其中代表高电导率的暗色影像连续度高于亮色影像连续度，暗色波形曲线影像为不规则、不连续和模糊的特征，其有效程度略低于连续传导裂缝，仅局部充填或者闭合造成局部传导受限。图 3-6、图 3-7 分别为在 DL-128H1 井上所发育的不连续传导裂缝特征。

　　连续高阻裂缝表现为高电阻率异常，以斜交裂缝和垂直裂缝为主，一般为完整连续亮色正弦波形曲线影像特征，该类裂缝与岩心和薄片上见到的高阻充填裂缝相对应，基本上不具备有效性。图 3-8、图 3-9 分别为在 DL-134H1 井和 DL-128H1 中发育的连续高阻裂缝特征。

不连续高阻裂缝表现为高电阻率异常，通常以高角度斜交裂缝和垂直裂缝为主，影像特征为正弦波形不连续亮色曲线影像特征，其中代表高阻的亮色影像连续度高于暗色影像连续度。图3-10、图3-11分别为DL-125H1井、DL-137H1井中发育的不连续高阻裂缝特征。

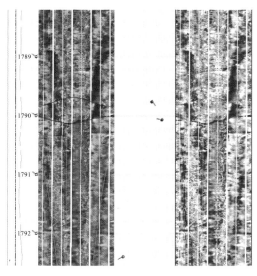

图3-4　DL-128H1井1789.8～1790.2m处
连续传导裂缝影像特征

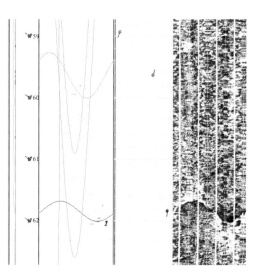

图3-5　DL-137H1井1761.8～1762.2m处
连续传导裂缝影像特征

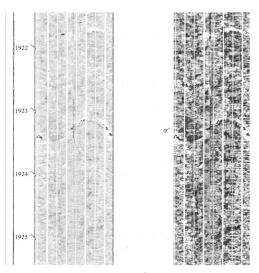

图3-6　DL-128H1井1923.2～1923.4m处
不连续传导裂缝影像特征

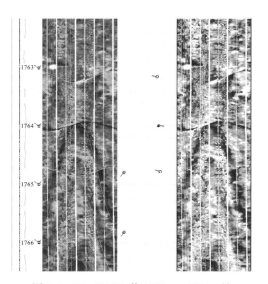

图3-7　DL-128H1井1763m、1764m处
不连续传导裂缝影像特征

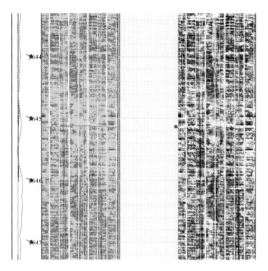 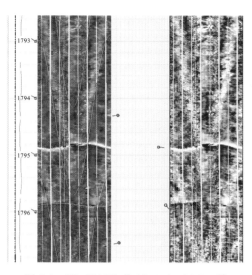

图 3-8　DL-134H1 井 1645m 处连续　　　　　图 3-9　DL-128H1 井 1794.6～1795m 处
高阻裂缝影像特征　　　　　　　　　　　　　连续高阻裂缝影像特征

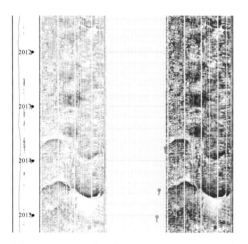 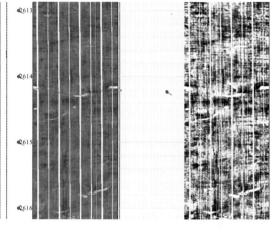

图3-10　DL-125H1 井 2013.4～2015m 处不连　　　图 3-11　DL-137H1 井 2614～2614.4m 处不
续高阻裂缝影像特征　　　　　　　　　　　　连续高阻裂缝影像特征

三、常规测井响应特征

　　井筒剖面裂缝在常规测井上的响应机理主要基于三点：①有效裂缝的发育增加了岩石内孔隙体积，该特征可以在孔隙度测井系列上有很好地反映；②有效裂缝发育常规测井物理信号的传播路径，导致测量信息的异常，如声波测井等；③有效裂缝的富集将加大钻井过程中泥浆的浸入，从而会影响岩石的导电性，使得电阻率测井系列存在对应的异常特征（高尔夫－拉特，1989；刘成斋，2003）。

　　根据上述井筒剖面裂缝在常规测井上的响应机理来看，基于常规测井的井剖面裂缝识别工作主要识别对象为有效裂缝，而无效裂缝响应特征不明显。结合以往研究的经验来看，常规测井系列中对有效裂缝响应最敏感系列主要为深浅双侧向测井、微球形聚焦测井、长源距声波所测的全波波形和变密度测井、声波时差测井、密度测井、自然电位测井、中子孔隙度测井、井径测井等。下面是鄂尔多斯盆地西南缘 HH373、HH26 两口井井剖面裂缝的测井响应特征。

HH373 井在长 8 油层组 1992.12～1994.68m 井段砂岩内发育两组垂直裂缝，其中一组裂缝未充填，岩心观察裂缝长度 240cm，倾角 82°。裂缝的测井响应特征为声波时差231.3～249.6μs/m，平均值 240.5μs/m；中感应电阻率 8.2～11.4Ω·m，平均值9.26Ω·m；深感应电阻率 8.105～9.131Ω·m，平均值 8.444Ω·m；八侧向电阻率8.261～18.796Ω·m，平均值 11.419Ω·m；中子孔隙度为 20.751%～24.195%，平均值22.652%；密度测井值为 2.362～2.411g/cm³，平均值 2.386g/cm³；自然电位为43.549～47.612mV，平均值 44.796mV；该段相对上下段无裂缝井段测井响应表现为八侧向和双感应电阻率明显降低、声波时差增大、中子孔隙度明显增加、密度值减小、双井径曲线有明显的幅度差（如图 3-12）。

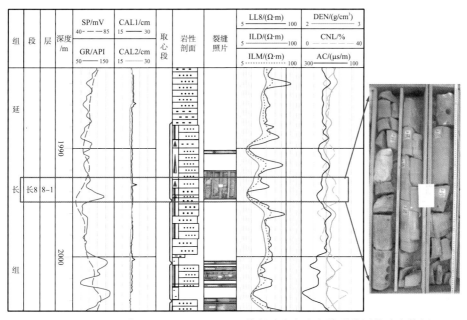

图 3-12　HH373 井 1992.12～1994.68m 井段砂岩内未充填裂缝测井响应特征

HH26 井长 9 油层组 2112.14～2114.20m 井段泥岩内岩心呈破碎状，从破碎面上可至少识别出三个组系的裂缝，其中有两个组系为未充填裂缝。该段在成像测井上也有一定响应，对应常规测井响应特征为电阻率测井相对上下层段为明显降低，且微球形聚焦和双感应之间幅度差明显减少，微球形聚焦电阻率为 13.03～23.046Ω·m，平均值15.574Ω·m，深感应电阻率为 3.072～15.308Ω·m，平均值 13.9Ω·m，中感应电阻率为 12.686～16.625Ω·m，平均值 14.255Ω·m；声波时差明显增大，为 246.624～290.129μs/m，平均值 264.713μs/m；密度变化不大，为 2.451～2.655g/cm³，平均值2.6g/cm³；中子孔隙度为 19.4%～22.3%，平均值 21.125%；井径测井有较明显的缩径，CAL1 为 20.456～21.789cm，平均值 21.436cm；CAL2 为 21.049～21.939cm，平均值 21.445cm（如图 3-13）。

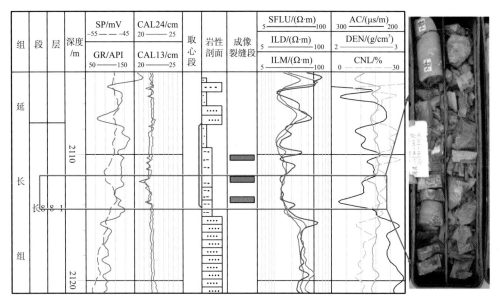

图 3-13　HH26 井 2112.14～2114.20m 井段泥岩内未充填裂缝测井响应特征

第二节　基于常规测井的识别方法与模型的建立

一、交会图版法

交会图版法是一种较好的分析方法，能通过样本点各测井信息的交会分析确定裂缝的响应特征，甚至能确定出裂缝识别的测井响应界线。针对直井往往以岩心裂缝描述结果为基础提取电性样本进行交会分析；而直井往往缺少岩心信息，因此主要以钻录井表现出的特征来提取电性样本开展交会分析。

下面以泾河油田长 8 油层组直井、水平井井剖面裂缝测井响应交会分析为例介绍交会图版法的使用。

针对泾河油田长 8 油层组直井取心描述情况，选区了 57 个典型裂缝发育段和 31 个典型非裂缝发育段作为交会分析样本，共计 88 个样本；针对 88 个样本所对应的井段采用面积平均法提取各个测井系列的测井信号。交会分析按照未充填垂直裂缝、未充填高角度裂缝、半充填裂缝、充填裂缝、非裂缝 5 类进行分类。

图 3-14～图 3-17 是基于上述 88 个样本获得的各测井响应交会分析结果，从图中可以看出典型的无裂缝样品和未充填裂缝样品在井径差、中子、密度和声波时差、电阻率上均有较好的识别能力，从图版中也可粗略定出井剖面有效裂缝识别的测井定性和定量标准；而进一步针对半充填缝、充填缝和非裂缝段以及充裂缝产状的分类是很难进行区分的。

水平井的测井响应交会图版分析中的难点在于典型样本的提取，因为水平井缺乏钻井岩心资料，难以直观准确地获取有效样本；因此需要通过结合钻录井响应和成像测井资料来对典型样本进行分析和筛选。鄂尔多斯盆地中生界长 8 油层组属于致密砂岩储层，长期勘探开发实践证明钻录井过程中的井漏、钻压减小、槽面显示主要由断层和裂缝发育带造成，因此根据水平井钻录井过程中的这些特征提取了25个典型裂缝样本(表3-1)。同时结合正常钻录井响应特征以及成像测井特征选取了69个典型非裂缝样本。通过交汇图版分析表明水平井段井漏段(裂缝发育段)对应的深感应测井(ILD)比无井漏段(无裂缝段)减小、井漏段(裂缝发育段)声波时差测井(AC)比无井漏段(无裂缝段)增大、井漏段(裂缝发育段)井径差测井(CAL2－CAL1)比无井漏段(无裂缝段)增大，井径差测井的分辨率弱于深感应测井和声波时差测井；八侧向电阻率测井可以作为辅助识别测井考虑。综合上述交会图版的分析结果，上述单一测井系列对水平井的井漏段(裂缝发育段)和无井漏段(无裂缝发育段)难以很好地区分，但组合深感应测井、声波时差测井、井径测井、八侧向测井后可以有效地识别出水平井段的有效裂缝发育段(如图3-18~图3-21)。

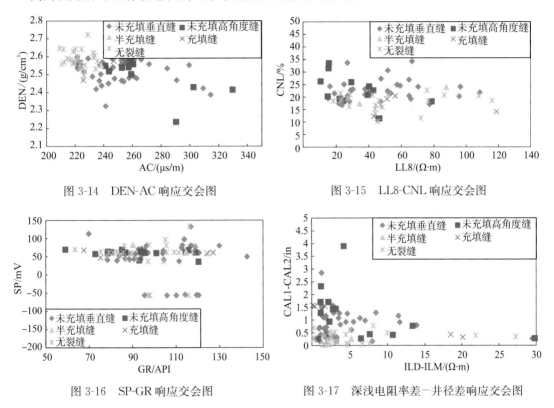

图 3-14 DEN-AC 响应交会图

图 3-15 LL8-CNL 响应交会图

图 3-16 SP-GR 响应交会图

图 3-17 深浅电阻率差－井径差响应交会图

表3-1 泾河油田长8油藏段部分水平井井漏统计表

井号	顶深/m	底深/m	井漏层厚/m	井漏描述
JH2P6	2588.75	2593.75	5	井漏
JH2P17	1469.2	1470.4	1.2	井漏
JH2P17	1564.7	1566	1.3	井漏
JH2P17	1590.1	1596.5	6.4	井漏
JH2P17	1631.6	1632.2	0.6	井漏
JH2P17	1672.2	1673.2	1	井漏
JH2P32	1810.42	1815.42	5	井漏
JH2P65	1588.8	1593.8	5	发现井漏

续表

井号	顶深/m	底深/m	井漏层厚/m	井漏描述
JH17P1	1595.1	1604.4	9.3	此井段井漏无法捞取砂子
JH17P10	2233	2238	5	发生漏失,钻井液失返,漏失量15m³
JH17P15	1939.2	1945.3	6.1	1918.00～1970.00m渗漏严重
JH17P15	1973.1	1978.2	5.1	1970.00～1980.00m渗漏严重
JH17P15	2180	2222	42	井漏
JH17P16	2226.14	2246	19.86	井漏
JH17P18	1573.8	1578.8	5	井漏
JH17P18	1603.2	1608.2	5	岩屑迟到井深1603.20m,井深返至1598.90m发生井漏
JH17P18	1919.88	1924.88	5	岩屑迟到井深1919.00m发生井漏
JH17P21	1826.4	1831.4	5	井漏
JH17P22	2066.91	2071.91	5	岩屑迟到井深2065.11m发生井漏
JH17P28	2098.77	2103.77	5	发生严重井漏
JH17P36	1875.7	1881	5.3	发生井漏,总池体积由128.07m³↘126.96m³;出口流量由40.16%↘4.66%,漏失钻井液1.11m³
JH17P36	2149.59	2154.59	5	发生井漏,总池体积由127.56m³↓126.32 m³;出口流量45.8%↓26.8%,漏失钻井液1.24m³
JH17P44	2262.9	2265.7	2.8	2264.82～2302.79m漏失
JH17P45	1582.52	1587.52	5	井漏
JH22P1	1530	1535	5	井漏

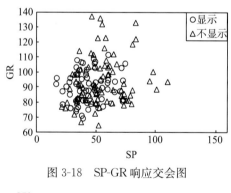

图 3-18　SP-GR 响应交会图

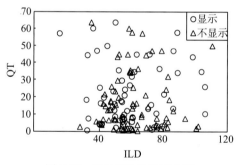

图 3-19　ILD-QT 响应交会图

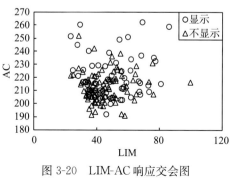

图 3-20　LIM-AC 响应交会图

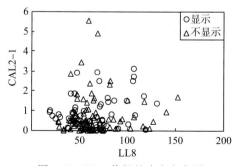

图 3-21　LL8-井径差响应交会图

二、判别分析法

1. 判别分析的基本原理

判别分析是利用已知的总体分类建立分类判别准则，从而对未知样品进行分类的一种数理统计学方法；其基本原理是在 G_1，G_2，$\cdots$，G_k 个总体中选出不同的样本建立判别法则，并最终运用该法则判别新样品的归属。因此判别分析的重点是判别法则的建立，目前建立判别法则的方法较多，常用的主要有距离判别、贝叶斯（Bayes）判别、费歇尔（Fisher）判别等；其中距离判别和费歇尔（Fisher）判别分析方法的计算过程简单，且结论明确，但这两种判别方法均不考虑总体中各自出现的概率，且与错判之后造成的影响无关，因此合理性不够；而贝叶斯（Bayes）判别准则可以克服距离判别和费歇尔（Fisher）判别的上述缺陷，因此在基于判别分析井剖面裂缝识别研究中使用的判别准则以选用贝叶斯（Bayes）判别准则效果更好。

选用贝叶斯（Bayes）判别准则分析首先需要计算待判样品属于各个总体样本的条件概率 $P(g/x)$，$g=1$，2，$\cdots$，k，然后比较概率值的大小，并将待判样品归为条件概率最大的总体。

设有 k 个总体 G_1，G_2，$\cdots$，G_k，它们各自的分布密度函数分别为 $f_1(x)$，$f_2(x)$，$\cdots$，$f_k(x)$，其中 k 个总体出现的概率分别为 q_1，q_2，$\cdots$，q_k（先验概率），$q_i \geqslant 0$，$\sum_{i=1}^{k} q_i = 1$。

当观测到一个样品 x 时，利用 Bayes 公式可以计算样品 x 来自第 g 个总体的后验概率如下：

$$P(g/x) = \frac{q_g(x)f(x)}{\sum_{i=1}^{k} q_i(x)f_i(x)} \quad g = 1,2,\cdots,k \tag{3-1}$$

当 $P(h/x) = \max\limits_{1 \leqslant g \leqslant k} P(h/x)$ 时，则将 x 判入第 h 类。

如上所述，贝叶斯（Bayes）判别准则需要知道每个总体的分布密度函数，一般在实际应用中假设总体服从多元正态分布，假设 k 个总体的协差阵相同（当协差阵不相等时，将得到非线性判别函数）。

在以上假定下，第 g 个总体的 p 元正态分布概率密度函数如下：

$$f_g(x) = (2\pi)^{-p/2} \left| \sum \right|^{-1/2} \exp\left\{ -\frac{1}{2}(x - \boldsymbol{\mu}^{(g)})t \sum^{-1} (x - \boldsymbol{\mu}^{(g)}) \right\} \tag{3-2}$$

其中，$\sum$ 为各总体的协差阵；$\boldsymbol{\mu}^{(g)}$ 为第 g 个总体的均值向量。

在 $P(g/x)$ 的表达式中，由于只关心寻找使 $P(g/x)$ 最大化的 g，而 $P(g/x)$ 的分母与 g 无关，故而可以改为求解令 $f_g(x)$ 最大化的 g。因此对 $f_g(x)$ 取对数，去掉与 g 无关的项，将得到以下形式的线性判别函数：

$$y(g/x) = \ln q_g - \frac{1}{2}\mu^{(g)'} \sum^{-1} \mu^{(g)} + x' \sum^{-1} \mu^{(g)} \tag{3-3}$$

其中求取各总体先验概率 q_g 常用的两种方法，一是使用样品频率代替，即令 $q_g = n_g/n$；二是令各总体先验概率相等，即 $q_g = 1/k$，当 $y(g/x) = \max\limits_{1 < g \leqslant k} y(g/x)$ 时，也有 $P(h/x) =$

$\max\limits_{1<g\leqslant k} y(g/x)$，所以可将 x 判入第 h 类。

2. 判别模型建立及识别

根据裂缝的测井电响应信号特征分析，岩性的差异对井剖面裂缝识别存在干扰性，因此在进行井筒剖面裂缝识别的判别分析时，一般可以分岩性开展研究。下面以鄂尔多斯盆地西缘中石化探区麻黄山地区中生界钻井井剖面裂缝识别的判别为例来阐述该方法。

1)样品的抽取

测井响应所受影响因素众多，对于裂缝层段如果受其他因素(如井眼、围岩、钻井液、测量、记录等)影响过大而掩盖了裂缝存在对测井响应信号的作用，这样裂缝的识别就会变得困难。因此在采用数理统计的方法进行井剖面裂缝的识别研究过程中，需要针对典型样品进行抽样统计，建立出的预测模型最后识别的结果也应该是最为典型的样品所对应的信息。

这里主要对研究区钻井岩心中观察到的 104 个裂缝段(其中泥岩内 32 个，砂岩内 72 个)通过岩心归位对应到测井提取各测井电信号；同时选取了 92 个岩心上未见裂缝的层段(其中泥岩内 48 个，砂岩内 44 个)通过岩心归位对应到测井提取各响应电信号；然后对各个样本提取测井响应信号，并采用极差变换进行如下标准化处理。

设原始变量为 $x_{ij}(i=1, 2, \cdots, n; j=1, 2, \cdots, m)$，极差变换为

$$x_{ij}^{'} = \frac{x_{ij} - x_{j(\min)}}{x_{j(\max)} - x_{j(\min)}} \qquad (3\text{-}4)$$

式中，$x_{j(\min)}$ 为 n 个样品中第 j 个变量的最小值，$x_{j(\max)}$ 为 n 个样品中第 j 个变量的最大值，这样变化后的新变量为 0～1。

2)砂岩内裂缝判别分析

（1）考虑四类样品。

考虑四类样品即未充填裂缝、半充填裂缝、充填裂缝、无裂缝，依次给定标号为 1，2，3，4；通过逐步判别不断剔除与引入测井变量，最后优选出建立判别方程的测井参数有声波、井径、中子、深浅电阻率和自然电位。判别分析结果见图 3-22 和表 3-2。

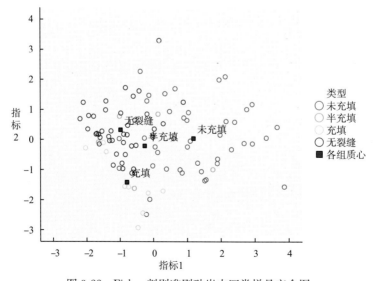

图 3-22　Fisher 判别准则砂岩内四类样品交会图

表 3-2　砂岩内四类样品判别分析结果表

样本编号	原类型	判别类型	样本编号	原类型	判别类型	样本编号	原类型	判别类型
1	1	1	35	1	1	68	4	4
2	1	1	36	1	1	69	4	4
3	1	2(＊＊)	37	1	1	70	4	4
4	1	1	38	1	2(＊＊)	71	4	4
5	1	1	39	1	4(＊＊)	72	4	4
6	1	1	40	1	2(＊＊)	73	4	4
7	1	1	41	1	1	74	4	1(＊＊)
8	1	3(＊＊)	42	1	1	75	4	4
9	1	4(＊＊)	43	1	3(＊＊)	76	4	4
10	1	4(＊＊)	44	2	4(＊＊)	77	4	4
11	1	3(＊＊)	45	2	2	78	4	4
12	1	3(＊＊)	46	2	3(＊＊)	79	4	3(＊＊)
13	1	1	47	2	1(＊＊)	80	4	4
14	1	1	48	2	2	81	4	4
15	1	1	49	3	4(＊＊)	82	4	4
16	1	1	50	3	4(＊＊)	83	4	4
17	1	1	51	3	4(＊＊)	84	4	4
18	1	1	52	3	3	85	4	4
19	1	1	53	3	3	86	4	4
20	1	4(＊＊)	54	3	3	87	4	4
21	1	1	55	3	3	88	4	1(＊＊)
22	1	2(＊＊)	56	3	3	89	4	4
23	1	1	57	3	3	90	4	2(＊＊)
24	1	3(＊＊)	58	3	3	91	4	3(＊＊)
25	1	1	59	4	4	92	4	3(＊＊)
26	1	1	60	4	4	93	4	4
27	1	1	61	4	4	94	4	4
28	1	1	62	4	4	95	4	2(＊＊)
29	1	1	63	4	4	96	4	4
30	1	2(＊＊)	64	4	4	97	4	3(＊＊)
31	1	1	65	4	3(＊＊)	98	4	4
32	1	1	66	4	4	99	4	4
33	1	1	67	4	2(＊＊)	100	4	4
34	1	1						

（注：带两个星号的样品表示判错样品）

通过对上述判别结果分析可以看到对于未充填裂缝的 43 个样本，判成半充填裂缝 5 个、充填裂缝 5 个、无裂缝 4 个，其中判对 29 个；而对于半充填的 5 个样本，判成未充填的 1 个、充填裂缝的 1 个、无裂缝的 1 个，判对 2 个；对于充填裂缝的 10 个样本，判成无裂缝 3 个，判对 7 个；对于无裂缝的 42 个样本，判成未充填裂缝 2 个、半充填裂缝 3 个、充填裂缝 5 个，判对 32 个；总的判对率为 70%。综合分析总体判别情况来看，多数样品的判错是因为半充填裂缝和未充填裂缝之间的混淆，以及充填裂缝和无裂缝之间的相互判错造成的。

按上述四类样本建立的判别函数，其各测井系列的系数见表 3-3，判别方程见式 (3-5)～式 (3-8)。

表 3-3 判别函数系数表

变量	系数			
	未充填	半充填	充填	无裂缝
AC	68.091	71.505	54.560	71.096
井径差	55.106	43.054	34.051	−24.461
CNL	12.060	5.281	15.569	4.694
DEN	72.043	72.075	68.820	74.613
深浅电阻率差	1964.348	1086.159	901.843	1183.813
SP	−0.288	−1.661	1.472	−3.515
常数项	−41.910	−37.871	−34.919	−37.460

未充填裂缝：$Y_1 = 68.091 \times AC + 55.106 \times \Delta CAL + 12.060 \times CNL + 72.043 \times DEN + 1964.348 \times \Delta Rt - 0.288 \times SP - 41.910$ (3-5)

半充填裂缝：$Y_2 = 71.505 \times AC + 43.054 \times \Delta CAL + 5.281 \times CNL + 72.075 \times DEN + 1086.159 \times \Delta Rt - 1.661 \times SP - 37.871$ (3-6)

充填裂缝：$Y_3 = 54.560 \times AC + 34.051 \times \Delta CAL + 15.569 \times CNL + 68.820 \times DEN + 901.843 \times \Delta Rt + 1.472 \times SP - 34.919$ (3-7)

无裂缝：$Y_4 = 71.096 \times AC - 24.461 \times \Delta CAL + 4.694 \times CNL + 74.613 \times DEN + 1183.813 \times \Delta Rt - 3.515 \times SP - 37.460$ (3-8)

式中，ΔCAL—井径差的绝对值；

ΔRt—深浅电阻率差的绝对值。

基于四类样品判别的结果，考虑将四类样本融合，分为两大类，即未充填裂缝和半充填裂缝合并成一类（有效裂缝），充填裂缝和无裂缝样本合并成一类；这样基于两类来开展判别分析，最终用于判别井剖面的有效裂缝。

(2) 考虑两类样品。

考虑两类样品即有效裂缝（未充填裂缝与半充填裂缝）和非裂缝（充填裂缝与无裂缝），依次标为 1 和 2。同样通过逐步剔除引入变量进行逐步判别后引入了声波、井径、中子、深浅双侧向电阻率、自然电位 5 个测井参数建立判别方程；其判别的结果见表 3-4。

表 3-4　砂岩内两类样品判别分析结果表

样本编号	原类型	判别类型	样本编号	原类型	判别类型	样本编号	原类型	判别类型
1	1	1	35	1	1	68	2	2
2	1	1	36	1	1	69	2	2
3	1	2(**)	37	1	2(**)	70	2	2
4	1	1	38	1	2(**)	71	2	2
5	1	2(**)	39	1	2(**)	72	2	2
6	1	2(**)	40	1	1	73	2	2
7	1	2(**)	41	1	1	74	2	2
8	1	1	42	1	1	75	2	2
9	1	2(**)	43	1	1	76	2	2
10	1	2(**)	44	1	2(**)	77	2	2
11	1	2(**)	45	1	2(**)	78	2	2
12	1	1	46	1	2(**)	79	2	2
13	1	1	47	1	1	80	2	2
14	1	1	48	1	1	81	2	2
15	1	1	49	2	2	82	2	2
16	1	1	50	2	2	83	2	2
17	1	2(**)	51	2	2	84	2	2
18	1	1	52	2	1(**)	85	2	2
19	1	1	53	2	1(**)	86	2	2
20	1	1	54	2	2	87	2	2
21	1	2(**)	55	2	1(**)	88	2	2
22	1	1	56	2	2	89	2	2
23	1	1	57	2	2	90	2	2
24	1	1	58	2	2	91	2	2
25	1	1	59	2	2	92	2	2
26	1	1	60	2	2	93	2	2
27	1	1	61	2	2	94	2	2
28	1	1	62	2	2	95	2	2
29	1	2(**)	63	2	2	96	2	2
30	1	2(**)	64	2	2	97	2	2
31	1	1	65	2	2	98	2	2
32	1	1	66	2	2	99	2	2
33	1	1	67	2	1(**)	100	2	2
34	1	2(**)						

　　通过对上述判别结果分析，有效裂缝 48 个样本，判错 18 个，判对 30 个；非裂缝 52 个，判错 4 个，判对 48 个；总的判对率为 78%。相较前面四类判别结果判对率提高了 8

个百分点。

基于上述两类样品建立的判别函数，其各测井系列的系数见表 3-5，判别方程为式 (3-9)、式(3-10)。

有效裂缝：$Y_1=66.323\times AC+82.109\times \Delta CAL +9.311\times CNL+68.68\times DEN+215.14 \times \Delta Rt +0.265\times SP-35.872$ (3-9)

非裂缝：$Y_2=66.106\times AC+10.216\times \Delta CAL +6.622\times CNL+71.576\times DEN+205.197 \times \Delta Rt -1.445\times SP-34.706$ (3-10)

表 3-5　判别函数系数表

变量	系数	
	有效裂缝	充填裂缝或无裂缝
AC	67.323	66.106
井径差	82.109	10.216
CNL	9.311	6.622
DEN	68.682	71.576
深浅电阻率差	−215.140	−205.197
SP	0.265	−1.445
常数项	−35.872	−34.706

3）泥岩内裂缝判别分析

（1）考虑四类样品。

考虑四类样品即未充填裂缝、半充填裂缝、充填裂缝、无裂缝，依次给定标号为 1，2，3，4。通过逐步判别不断剔除与引入测井变量，最后优选出建立判别方程的测井系列有声波、井径、中子、深浅电阻率和自然电位，判别分析结果见表 3-6 和图 3-23。

通过对判别结果进行分析，分析结果表明未充填裂缝 28 个样本，判成半充填裂缝 1 个、充填裂缝 1 个、无裂缝 4 个，判对 22 个；对于半充填的 1 个样本，判对 1 个；对于充填裂缝 3 个样本，判成无裂缝 1 个、判对 2 个；对于无裂缝的 48 个样本，判成未充填裂缝 2 个、充填裂缝 12 个，判对 34 个；总的判对率为 73.8%。其中半充填样品数目偏少，主要的样品分布为未充填样品、充填样品、无裂缝样品。

判别所建立四类样品的判别函数，其各参数的系数见表 3-7，各类的判别方程为式 (3-11)～式(3-14)。

未充填裂缝：$Y_1=55.667\times AC+62.274\times \Delta CAL +74.177\times CNL+125.731\times DEN+ 567.093\times \Delta Rt-3.828\times SP-61.839$ (3-11)

半充填裂缝：$Y_2=117.925\times AC+66.414\times \Delta CAL +43.084\times CNL+138.016\times DEN+ 578.838\times \Delta Rt+0.564\times SP-90.471$ (3-12)

充填裂缝：$Y_3=26.646\times AC+91.560\times \Delta CAL +99.186\times CNL+166.994\times DEN+ 640.116\times \Delta Rt-8.718\times SP-92.754$ (3-13)

无裂缝：$Y_4=33.093\times AC+79.358\times \Delta CAL +98.683\times CNL+158.891\times DEN+ 623.514\times \Delta Rt-10.324\times SP-85.034$ (3-14)

表 3-6 泥岩内四类样品判别分析结果表

样本编号	原类型	判别类型	样本编号	原类型	判别类型	样本编号	原类型	判别类型
1	1	1	28	1	1	55	4	3(**)
2	1	1	29	2	2	56	4	3(**)
3	1	1	30	3	3	57	4	4
4	1	3(**)	31	3	4(**)	58	4	3(**)
5	1	1	32	3	3	59	4	3(**)
6	1	1	33	4	4	60	4	4
7	1	1	34	4	4	61	4	4
8	1	1	35	4	1(**)	62	4	4
9	1	1	36	4	3(**)	63	4	4
10	1	1	37	4	4	64	4	4
11	1	1	38	4	4	65	4	4
12	1	1	39	4	4	66	4	1(**)
13	1	1	40	4	4	67	4	3(**)
14	1	1	41	4	4	68	4	4
15	1	1	42	4	4	69	4	4
16	1	1	43	4	4	70	4	3(**)
17	1	1	44	4	3(**)	71	4	3(**)
18	1	1	45	4	4	72	4	4
19	1	1	46	4	4	73	4	4
20	1	1	47	4	4	74	4	4
21	1	4(**)	48	4	3(**)	75	4	3(**)
22	1	4(**)	49	4	4	76	4	4
23	1	1	50	4	4	77	4	3(**)
24	1	4(**)	51	4	4	78	4	4
25	1	2(**)	52	4	4	79	4	4
26	1	1	53	4	4	80	4	4
27	1	4(**)	54	4	4			

同样把上述所有样品分成两大类，即未充填裂缝和半充填裂缝合并成一类（有效裂缝），充填裂缝和无裂缝样本合并成一类来进行判别建立两组判别方程。

（2）考虑两类样品。

考虑两类样品即有效裂缝（未充填裂缝与半充填裂缝）和非裂缝（充填裂缝与无裂缝）依次标为 1 和 2。同样通过逐步剔除引入变量进行逐步判别后引入声波、井径、中子、深浅双侧向电阻率、自然电位 5 个测井系列建立判别方程，判别结果见表 3-8。

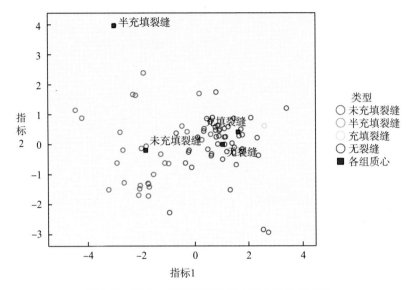

图 3-23   Fisher 判别准则泥岩内四类样品交会图

表 3-7   判别函数系数表

变量	系数			
	未充填	半充填	充填	无裂缝
AC	55.667	117.925	26.646	33.093
井径差	62.274	66.414	91.560	79.358
CNL	74.177	43.084	99.186	98.683
DEN	125.731	138.016	166.994	158.891
深浅电阻率差	−567.093	−578.838	−640.116	−623.514
SP	−3.828	0.564	−8.718	−10.324
常数项	−61.839	−90.471	−92.754	−85.034

对判别结果进行分析，有效裂缝 29 个样本，判错 7 个、判对 22 个；充填裂缝或无裂缝 51 个，判错 6 个、判对 45 个；总的判对率为 83.75%，判对率较四类样品明显增加。

基于两类样品所建立的判别方程，其各测井系列的系数见表 3-9，各类判别方程为式（3-15）、式（3-16）。

有效裂缝：$Y_1 = 47.628 \times AC + 60.829 \times \Delta CAL + 81.403 \times CNL + 125.344 \times DEN + 576.765 \times \Delta Rt - 4.999 \times SP - 60.825$ (3-15)

非裂缝：$Y_2 = 24.364 \times AC + 78.308 \times \Delta CAL + 106.613 \times CNL + 159.323 \times DEN + 634.585 \times \Delta Rt - 11.681 \times SP - 84.577$ (3-16)

表 3-8   泥岩内两类样品判别分析结果表

样本编号	原类型	判别类型	样本编号	原类型	判别类型	样本编号	原类型	判别类型
1	1	1	28	1	1	55	2	2
2	1	1	29	1	1	56	2	2
3	1	1	30	2	2	57	2	1(**)

样本编号	原类型	判别类型	样本编号	原类型	判别类型	样本编号	原类型	判别类型
4	1	2（**）	31	2	2	58	2	2
5	1	1	32	2	1（**）	59	2	2
6	1	2（**）	33	2	2	60	2	2
7	1	1	34	2	2	61	2	2
8	1	1	35	2	1（**）	62	2	2
9	1	1	36	2	2	63	2	2
10	1	1	37	2	2	64	2	2
11	1	1	38	2	2	65	2	2
12	1	1	39	2	2	66	2	1（**）
13	1	2（**）	40	2	2	67	2	2
14	1	1	41	2	2	68	2	2
15	1	1	42	2	2	69	2	2
16	1	1	43	2	2	70	2	2
17	1	1	44	2	2	71	2	1（**）
18	1	1	45	2	2	72	2	2
19	1	1	46	2	2	73	2	2
20	1	1	47	2	2	74	2	2
21	1	2（**）	48	2	2	75	2	2
22	1	2（**）	49	2	2	76	2	1（**）
23	1	1	50	2	2	77	2	2
24	1	2（**）	51	2	2	78	2	2
25	1	1	52	2	2	79	2	2
26	1	1	53	2	2	80	2	2
27	1	2（**）	54	2	2			

表 3-9 判别函数系数表

变量	系数	
	有效裂缝	充填裂缝或无裂缝
AC	47.628	24.364
井径差	60.829	78.308
CNL	81.403	106.613
DEN	125.344	159.323
深浅电阻率差	−576.765	−634.585
SP	−4.999	−11.681
常数项	−60.825	−84.577

通过利用上述判别方程对鄂尔多斯西缘麻黄山地区中生界钻井井剖面裂缝进行判别，对裂缝的判别概率进行了计算，依据计算结果可以绘制成井剖面裂缝判别概率剖面，判别概率与岩心描述结果基本吻合，表明该方法具有较强的适用性（如图 3-24、图 3-25）。

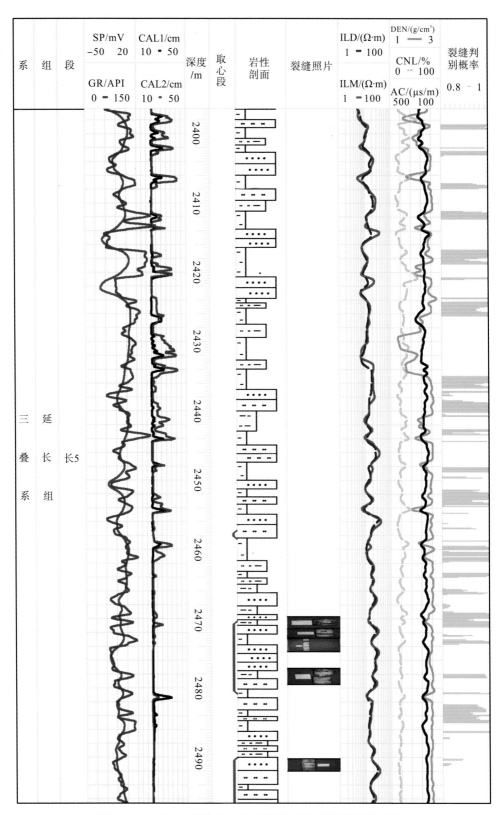

图 3-24　宁东 106 井侏罗系长 5 油层组裂缝判别概率计算剖面

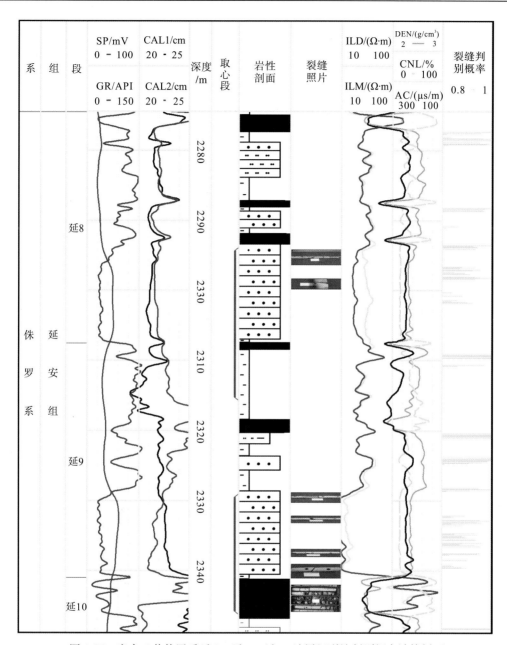

图 3-25 宁东 5 井侏罗系延 8、延 9、延 10 油层组裂缝判别概率计算剖面

三、R/S 分析法

1. R/S 分析法原理

分形作为非线性科学的分支，近年来得到了突飞猛进的发展，尽管这一科学分支还远未成熟，但它已在众多领域得到尝试性的应用，并获得了不少有意义的成果（朱晓华等，2001）。分形被用来描述、评价和预测参数在空间分布的复杂性，在经典欧几里得几

何空间中无法描述的复杂几何体运用分形几何学及统计学可以进行更准确、更客观地认识。

在油气储层研究方面，分形已广泛应用于储层孔隙结构、储层非均质性、储层参数井间随机模拟等方面。研究运用 R/S 分析法来定量评价油气储层的垂向非均质性，并建立 R/S 分析的对应地质解释模式，力图找到对油气储层非均质影响最大的几种地质因素的 R/S 响应模式，探索 R/S 分析在油气储层定量评价中的可行性，是有益的尝试（吴拥政，2004）。

R/S 分析是赫斯特多年研究尼罗河水逐年变化规律时提出的一种非线性统计方法，其中 R 称为极差，是最大累积离差与最小累积离差之差，代表时间序列的复杂程度；S 称为标准差，即变差的平方根，代表时间序列的平均趋势；R/S 就代表无因次的时间序列相对波动强度。这在研究河水年流量变化时相当于流量在不同年份变化的剧烈程度，这一思路可对应适用于一维井柱上地质信息或参数随深度的变化分析，其中深度的变化也反映了地质历史时间的变化。

对于一个一维的过程 $Z(t)$，则 R/S 分析过程如下：

$$R(n) = \max_{0<u<n}\left\{\sum_{i=1}^{u}Z(i) - \frac{u}{n}\sum_{j=1}^{u}Z(j)\right\} - \min_{0<u<n}\left\{\sum_{i=1}^{u}Z(i) - \frac{u}{n}\sum_{j=1}^{u}Z(j)\right\} \quad (3\text{-}17)$$

式中：n—逐点分析层段测井采样点数；

      u—由端点开始在 $0\sim n$ 依次增加的样点数；

      i，j—表示样点个数的变量；

      $R(n)$—过程序列全层段极差；

      $S(n)$—过程序列全层段标准差。

$R(n)/S(n)$ 就是分析第 n 个样点所对应的 R/S 值，在 n 由 3（前 2 个点由于数学公式上的限制而无从计算）到层段测井采样点总个数的变化过程中，有一个 n 值，就有一个 $R(n)/S(n)$ 值与之对应；n 与 $R(n)/S(n)$ 呈明显的双对数线性关系，即序列 $Z(t)$ 具有自标度相似性的分形特征。$R(n)/S(n)$ 曲线的斜率 H 称为赫斯特（Hurst）指数，由 $D = 2 - H$ 计算得出的 D 是 $Z(t)$ 的分形维数，代表 $Z(t)$ 在一维 t 上变化的复杂程度。胡宗全等人认为 R/S 能反映时间序列的变化程度，裂缝的存在常会导致测井曲线的复杂性升高，因此 R/S 分析可以用来评价井剖面裂缝的发育程度。

运用原始测井参数作 R/S 分析需要注意两个方面，其一测井资料具有一定的采样间隔，且在各井各层段分布齐全；其二是测井参数众多，可以进行不同参数间 R/S 的对比，以确定能最好反映井剖面裂缝的测井系列。

根据上述原理针对测井资料编制了适合于批处理计算的 R/S 裂缝识别程序（如图 3-26）。

2. R/S 法裂缝识别

由于不同地层在岩性、沉积旋回、含流体情况等的差异导致了测井响应特征存在差异性，因此利用 R/S 法开展裂缝识别时应该考虑分层段进行，因此这里针对鄂尔多斯西缘麻黄山地区中生界按照延长组、延安组各 10 个层段进行计算和识别，对 25 口含有取心井的井各层段进行了计算。

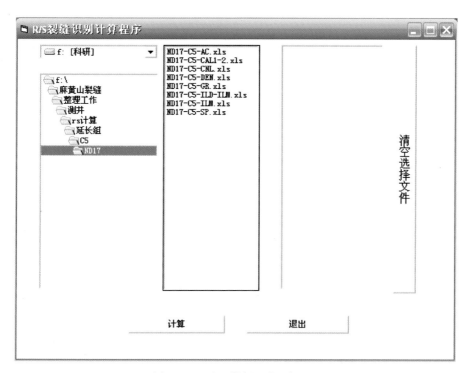

图 3-26 R/S 裂缝识别程序界面

由于 R/S 与 N 之间的对数关系曲线的斜率可以间接反映曲线的复杂程度，也可利用依据曲线形态获得分形维数来表征，其中曲线斜率越小分形维数越大，曲线的形态特征越复杂，反之斜率越大分形维数越小，曲线的形态特征越简单；当然曲线形态的复杂程度所受影响因素众多，如岩性、物性、含油气性、测井环境等；因此根据研究需要选择受裂缝影响较为明显的测井系列进行判断和计算。通过所做的各测井曲线的 R/S 与 N 之间的对数关系曲线与岩心所观察到的裂缝层段对比，吻合性最好的应该是深浅电阻率差和井径差（如图 3-27），这与前面裂缝的测井响应特征也是一致的；因此可以对各单井各层段对于深浅电阻率差和井径差进行计算和绘图，并利用图中曲线下凹段作为裂缝的识别标志；利用该方法识别结果与岩心对比吻合度高，识别效果较好（如图 3-28、图 3-29）。

采用上述思路，对研究区具有双井径和深浅双侧向（或者深中感应）测井资料的井采用 R/S 方法进行分段计算可以对单井剖面进行裂缝的识别，并绘制成 R/S 裂缝识别综合剖面（如图 3-30、图 3-31）。

根据宁东 17 井各层段岩心裂缝密度与各层段计算的赫斯特指数及分形维数的关系表明：单井各层段裂缝发育密度越高分形维数越大，因此可以用各层段对裂缝具有较为明显响应特征的测井曲线的分形维数来定量评价该层段的裂缝发育程度（如表 3-10、图 3-32）。

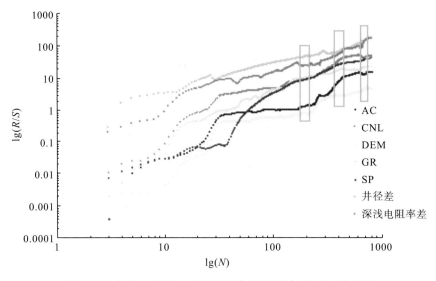

图 3-27　宁东 17 井长 6 段各测井曲线 R/S 与 N 的对数关系

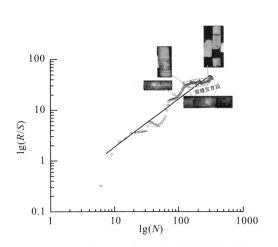

图 3-28　宁东 17 井延 8 油层组深浅电阻率差 R/S 与 N 的对数关系

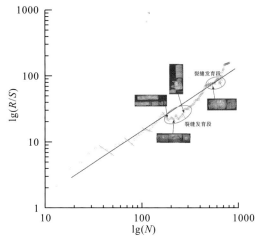

图 3-29　宁东 17 井长 6 油层组深浅电阻率差 R/S 与 N 的对数关系

表 3-10　宁东 17 井各层段分形特征参数计算结果表

层位	赫斯特指数	分形维数	裂缝密度	层位	赫斯特指数	分形维数	裂缝密度
延 3	1.1866	0.8134	0.308	延 4	0.8961	1.1039	0.466
延 5	0.9507	1.0493	0.619	延 6	1.0807	0.9193	0.3937
延 7	1.0529	0.9471	—	延 8	1.1444	0.8556	0.3256
延 9	1.1429	0.8571	—	延 10	1.0537	0.9463	0
长 3	1.047	0.953	0.3785	长 4	0.9908	1.0092	0
长 5	1.0179	0.9821	0.526	长 6	0.9874	1.0126	0.3869
长 7	1.2082	0.7918	0.3125	长 8	0.7816	1.2184	—

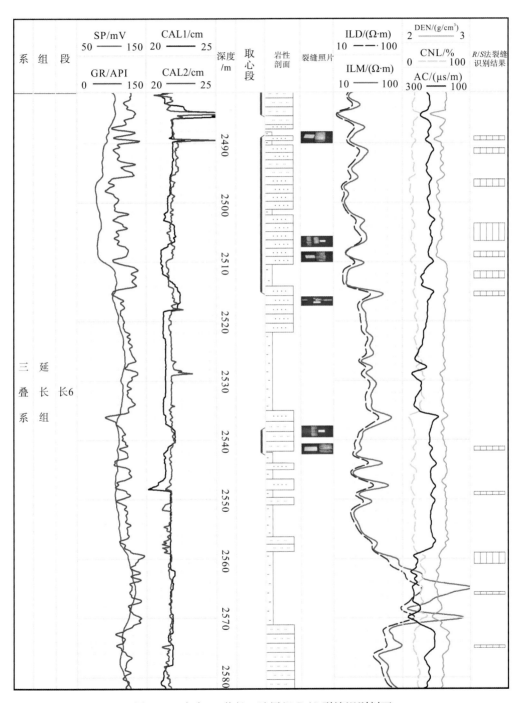

图 3-30　宁东 17 井长 6 油层组 R/S 裂缝识别剖面

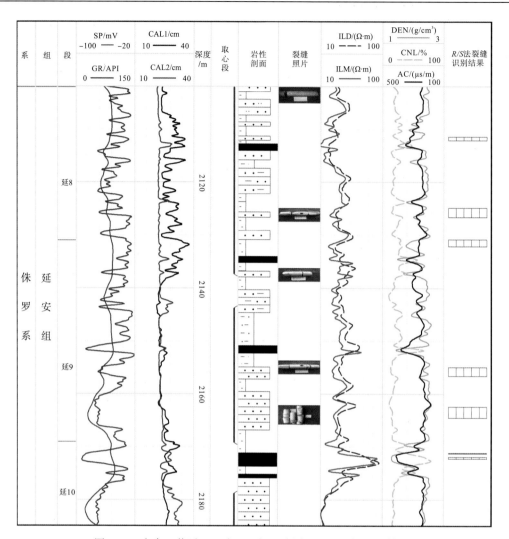

图 3-31　宁东 2 井延 8、延 9、延 10 油层组 *R/S* 裂缝识别剖面

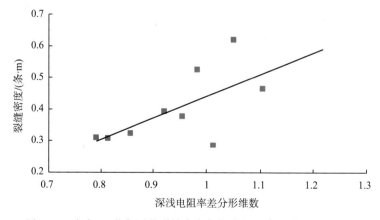

图 3-32　宁东 17 井各层段裂缝密度与深浅电阻率差分形维数关系

四、裂缝参数指示法

基于泥浆的浸入造成的不同探测深度电阻率测井信号的差异以及含裂缝介质测井信号响应理论模型，可以对井剖面上裂缝张开度、孔隙度参数进行计算，该方法获取的测井参数虽然不能准确地反映井筒内裂缝的真实参数情况，但可以根据该参数计算的相对大小来反映裂缝的发育程度。

1. 裂缝张开度

对裂缝张开度进行计算和评价主要是通过泥浆的浸入程度在深、浅电阻率上的响应差异来体现。1990 年罗贞耀根据裂缝与井眼的关系，在 Sibbit 和 Faivre 等研究的基础上，推导出不同倾角裂缝对应的裂缝张开度计算公式。

1）低角度裂缝（$\alpha \leqslant 30°$）

接近水平的裂缝与深浅双侧向电流的径向流动一致，当裂缝具有一定张开度时，泥浆侵入较深，使深浅双侧向探测深度接近一致，即 $RLLS \approx RLLD$，幅度差变小，低角度裂缝张开度计算公式如下：

$$b = \frac{C - C_b}{C_m \times \left[1.5 \times (1 + \cos\alpha) - \sqrt{\cos\alpha}\right] \times g} \tag{3-18}$$

式中：b—裂缝张开度，μm；

　　　C—地层电导率，S/m；

　　　C_b—地层基质电导率，S/m；

　　　C_m—泥浆电导率，S/m；

　　　α—裂缝面与垂直井轴面的交角，即裂缝面视倾角，（°）。

　　　$g = \dfrac{r}{H} \times \dfrac{\ln(D/r)}{2(D-r)}$，$r$—井筒半径，m，$D$—探测深度，m；

由公式（3-18）可得出，当 α 为定值时裂缝张开度与泥浆电导率（C_m）成反比，与地层电导率差值（$C - C_b$）成正比。

2）斜交及垂直裂缝（$\alpha > 30°$）

如前所述，对于斜交裂缝及垂直裂缝在深浅双侧向测井上具有明显正幅度差，可用下面公式计算裂缝张开度。

$$\begin{aligned}
b &= \frac{C_{LLS} - C_{LLD}}{C_m \times \left[1.5(1 + \cos\alpha) - \sqrt{\cos\alpha}\right]} \times \frac{1}{g_s - g_d} \\
&= \frac{R_m \times (R_{LLD} - R_{LLS})}{R_{LLD} \times R_{LLS} \times \left[1.5(1 + \cos\alpha) - \sqrt{\cos\alpha}\right]} \times \frac{1}{g_s - g_d}
\end{aligned} \tag{3-19}$$

式中：$g_s - g_d = \dfrac{r}{2H}\left[\dfrac{\ln(D_s - r)}{D_s - r} - \dfrac{\ln(D_d - r)}{D_d - r}\right]$；

　　　C_{LLS}、C_{LLD}—分别为地层浅侧向、深侧向电导率，S/m；

　　　LLS、LLD—分别为地层浅侧向、深侧向电阻率，$\Omega \cdot$m；

　　　R_m—泥浆电阻率，$\Omega \cdot$m；

r—井筒半径，m；

D_s、D_d—分别为地层浅侧向电极探测深度、深侧向电极探测深度，m；

H—侧向测井聚焦电流层的厚度，m。

从公式（3-19）可知，计算张开度需要确定泥浆电阻率 R_m，泥浆电阻率一般可以通过获得井底温度换算获得。泥浆电阻率随温度变化的关系如下：

$$R_m = \frac{R_{m0}}{1 + A \times (T - T_0)} \tag{3-20}$$

$$R_m = \frac{T_0 + 21.5}{T + 21.5} \times R_{m0} \tag{3-21}$$

式中：$A = 0.026$；

T_0—井口温度，℃；

R_{m0}—井口温度下泥浆电阻率，$\Omega \cdot$ m；

T—井底温度，℃。

利用公式（3-20）、（3-21）分别计算可得到井底条件下的泥浆电阻率；关于井筒半径的确定，可以利用井径测井资料获取；地层深侧向电极探测深度、浅侧向电极探测深度、侧向测井聚焦电流层厚度分别从测井仪器使用手册查得，一般取值为 2.63m、0.8m 和 0.7m。

公式中地层裂缝倾角 α 可由以下三种方法确定：①利用岩心资料统计确定 α；②利用 FMS 测井或裂缝识别测井资料确定 α（视倾角）；③利用裂缝与声波时差及其他测井资料，统计确定裂缝倾角得出 α。

2. 裂缝孔隙度

利用裂缝发育段在双侧向测井上的响应特征可以对裂缝孔隙度进行估算和评价。双侧向测井是电流束沿裂缝通过而反映出电阻率的高低变化，对裂缝特别敏感，因而常用双侧向测井计算裂缝孔隙度。双侧向测井所建立裂缝孔隙度计算模型基于两个假定：①泥浆浸入裂缝后，驱走井壁附近裂缝中的流体，但基块未受浸入影响；②深侧向探测范围大，可探测到原状地层，从而造成深浅侧向电阻率曲线的幅度差。

基于上述原理及假设，Sibbit 和 Faivre(1985)根据不同储层分别推导出了下面裂缝孔隙度的计算公式，并一直沿用至今(周文，1998)。

$$\frac{1}{R_{LLD}} = \frac{\varphi_b^{mb} \cdot S_{wb}^{nb}}{R_W} + \frac{\varphi_{fr}^{mfr} \cdot S_{wfr}^{nfr}}{R_W} \tag{3-22}$$

$$\frac{1}{R_{LLS}} = \frac{\varphi_b^{mb} \cdot S_{wb}^{nb}}{R_W} + \frac{\varphi_{fr}^{mfr} \cdot S_{xofr}^{nfr}}{R_{mf}} \tag{3-23}$$

令 $S_{xofr}^{nfr} = 1$，$S_{wfr}^{nfr} = 0$，两式合并得

$$\varphi_{fr} = \sqrt[mfr]{R_m \left(\frac{1}{R_{LLS}} - \frac{1}{R_{LLD}} \right)} \tag{3-24}$$

在实际应用时，考虑到浸入的是泥浆而不是滤液，于是有

$$\varphi_{fr} = \sqrt[mfr]{R_m \left(\frac{1}{R_{LLS}} - \frac{1}{R_{LLD}} \right)} \tag{3-25}$$

进一步考虑深浸入的影响，把 R_{LLD} 用 R_T 代替，于是有

$$\varphi_{fr} = \sqrt[mfr]{R_m\left(\frac{1}{R_{LLS}} - \frac{1}{R_T}\right)} \tag{3-26}$$

式中：R_T——地层真实电阻率，$\Omega \cdot m$，$R_T = 2.589 \times R_{LLD} - 1.589 \times R_{LLS}$；

　　　φ_b——基岩孔隙度，$\%$；

　　　mb——基岩孔隙度指数；

　　　S_{ub}——基岩含水饱和度，$\%$；

　　　nb——基岩含水饱和度指数；

　　　R_w——地层水电阻率，$\Omega \cdot m$；

　　　S_{wfr}——裂缝含水饱和度，$\%$；

　　　nfr——裂缝含水饱和度指数；

　　　S_{xofr}——井壁附近裂缝含水饱和度，$\%$；

　　　φ_{fr}——裂缝孔隙度，$\%$；

　　　mfr——裂缝孔隙度指数。

上述裂缝孔隙度的计算在井壁光滑，极板与地层接触紧密条件下应用效果更好，这样才能保证探测受井眼的影响较小。

3. 裂缝参数计算及评价

依据上述裂缝张开度和孔隙度的计算方法及取值依据，这里以鄂尔多斯盆地大牛地下古生界钻井裂缝参数解释为例阐述裂缝参数计算及评价。

根据研究区钻井岩心裂缝产状测量情况来看，大牛地马家沟组岩心裂缝倾角分布范围为 $15° \sim 90°$，其中倾角为 $70° \sim 90°$ 的裂缝占 71.76%，主要为高角度斜交和垂直裂缝（如图 3-33）；因此在计算裂缝张开度时，应选取公式（3-19）作为计算模型，公式中裂缝倾角按照高角度斜交和垂直裂缝平均倾角取为 $86°$。

通过计算，大牛地气田下古生界钻井获得裂缝参数特征为：裂缝宽度集中在 $1.591 \sim 2970.75\,\mu m$ 范围，其中大 92 井附近裂缝宽度最大，为 $288.624 \sim 2970.75\,\mu m$，平均值为 $1097.6932\,\mu m$；大 48 井附近裂缝宽度相对小，为 $1.591 \sim 521.41\,\mu m$，平均值为 $272.488\,\mu m$（见表 3-11）。对应岩心上对裂缝宽度的测量来看，二者之间相差 $1 \sim 2$ 个数量级，测井计算结果偏小，岩心测量结果偏大，这与裂缝出露地表后应力释放，缝面张开度扩大有关。

裂缝孔隙度的计算结果及统计表明：裂缝孔隙度一般小于 0.2%，主要分布于 $0.003\% \sim 0.147\%$，裂缝孔隙度值均较低，平均值为 0.04189%（见表 3-12）。其中大 98 裂缝孔隙度相对较大，平均值为 0.1355%；大 48 井裂缝孔隙度相对偏小，平均值为 0.036275%。裂缝孔隙度的计算结果与裂缝张开度一样，计算结果相对较大的井与岩心上裂缝、破碎段发育的井能很好吻合，如大 92 井等（如图 3-34）。

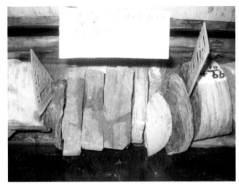

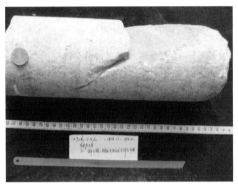

图 3-33　鄂尔多斯盆地大牛地气田下古生界钻井岩心裂缝特征

　　测井解释裂缝有效参数与岩心描述统计的裂缝发育情况的对比评价如下。

　　(1)从基于双侧向测井对裂缝张开度和裂缝孔隙度的响应机理来看，主要是因为裂缝的发育导致泥浆浸入一定深度，形成深浅侧向幅度差，再基于该幅度差建立计算模型；而造成泥浆浸入和深浅侧向的因素不仅限于此，如物性的差异、井壁垮台等都有可能形成泥浆浸入的差异；因此对应所计算出的单井裂缝参数剖面，裂缝张开度与孔隙度计算值较大，但并非真正的裂缝参数值，这在用于评价和识别裂缝时是需要注意的。但本文选用的研究区基质致密，物性影响相对较弱，对其进行裂缝参数计算用于裂缝识别指示还是具有较大意义。

表 3-11　鄂尔多斯盆地大牛地气田下古生界钻井裂缝张开度计算结果

井号	裂缝宽度/μm	井号	裂缝宽度/μm	井号	裂缝宽度/μm
大 12	164.205	大 24	923.575	大 48	371.62
大 12	1461.361	大 30	4.554	大 48	463.576
大 14	9.736	大 38	7.096	大 48	503.311
大 14	21.667	大 38	7.288	大 48	521.41
大 14	186.823	大 38	83.545	大 53	18.852
大 14	369.274	大 38	140.721	大 53	70.047
大 14	382.476	大 38	173.903	大 53	88.033

续表

井号	裂缝宽度/μm	井号	裂缝宽度/μm	井号	裂缝宽度/μm
大 14	437.436	大 38	180.71	大 53	381.457
大 14	661.852	大 38	204.564	大 53	482.715
大 15	4.28	大 38	322.13	大 53	1098.2
大 15	5.84	大 38	982.153	大 53	1125.83
大 15	47.573	大 39	13.342	大 53	1406.92
大 15	82.858	大 39	15.082	大 92	288.624
大 15	85.964	大 39	42.086	大 92	337.748
大 15	196.821	大 39	87.095	大 92	350.993
大 15	265.135	大 39	116.683	大 92	397.6
大 16	166.56	大 39	172.186	大 92	438.106
大 16	470.116	大 39	370.861	大 92	719.281
大 16	626.708	大 39	529.801	大 92	1498.71
大 16	683.709	大 39	814.57	大 92	1742.61
大 24	26.119	大 48	1.591	大 92	2232.51
大 24	123.823	大 48	1.695	大 92	2970.75
大 24	151.37	大 48	37.777	大 93	28.617
大 24	367.266	大 48	176.582	大 93	44.986
大 24	488.212	大 48	258.278	大 93	84.768
大 24	511.623	大 48	278.146	大 93	801.323
大 24	765.012	大 48	298.21	大 98	2561.5
大 24	909.972	大 48	357.66	大 98	2965.46

（2）基于常规测井计算的裂缝张开度和孔隙度值无法通过地下真实的裂缝张开度和孔隙度进行刻度和校正，但是可以反映裂缝参数的相对大小；虽然计算结果与岩心、野外测量结果有数量级的差异，但考虑测井计算结果保持了裂缝的原始地层条件，因此在对参数的选用和评价中以测井结果为准。

（3）对比岩心裂缝的发育情况和测井计算裂缝参数剖面，可以剔除物性、井壁垮塌等因素确定裂缝的测井参数的大致界限；通过统计和对比表明认为未充填裂缝段裂缝孔隙度多数大于 0.055%，裂缝张开度大于 630μm；非裂缝段裂缝孔隙度多数小于 0.047%，裂缝张开度小于 470μm，因此通过裂缝的参数对裂缝的发育是有一定指示作用的。

表 3-12　鄂尔多斯盆地大牛地气田下古生界钻井裂缝孔隙度计算结果

井号	裂缝孔隙度/%	井号	裂缝孔隙度/%	井号	裂缝孔隙度/%
大 48	0.003	大 24	0.024	大 48	0.0656
大 48	0.003	大 12	0.024	大 16	0.046
大 15	0.004	大 16	0.028	大 53	0.0351
大 30	0.005	大 39	0.026	大 24	0.045
大 15	0.03	大 38	0.028	大 48	0.0436
大 38	0.006	大 48	0.027	大 24	0.051
大 38	0.006	大 38	0.008	大 48	0.0512
大 14	0.006	大 14	0.027	大 39	0.05
大 39	0.011	大 15	0.026	大 16	0.055
大 39	0.006	大 38	0.031	大 14	0.05
大 53	0.013	大 48	0.0371	大 16	0.055
大 14	0.009	大 15	0.028	大 92	0.044
大 24	0.032	大 48	0.0332	大 24	0.058
大 93	0.0214	大 92	0.036	大 93	0.084
大 48	0.013	大 48	0.0611	大 39	0.0559
大 39	0.028	大 38	0.034	大 24	0.06
大 93	0.0078	大 92	0.0384	大 24	0.068
大 15	0.013	大 92	0.0385	大 38	0.067
大 53	0.0189	大 48	0.039	大 53	0.065
大 15	0.017	大 24	0.037	大 53	0.078
大 38	0.02	大 14	0.034	大 53	0.076
大 93	0.0436	大 39	0.0397	大 12	0.067
大 15	0.018	大 48	0.0585	大 92	0.121
大 39	0.021	大 53	0.0371	大 92	0.103
大 53	0.0202	大 14	0.047	大 92	0.136
大 39	0.0234	大 92	0.145	大 98	0.147
大 24	0.021	大 14	0.0195	大 98	0.124
大 38	0.027	大 92	0.045	大 92	0.113

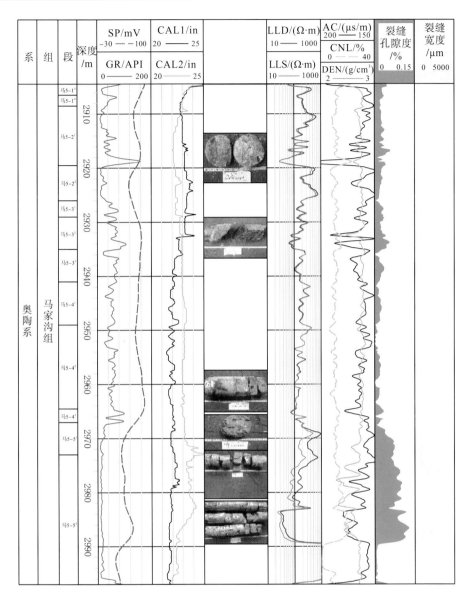

图 3-34　鄂尔多斯大牛地气田下古生界大 92 井裂缝参数解释结果

五、非线性建模法

由于常规测井对裂缝的响应往往是一个非线性的，难以从中找出比较确切的识别界线或者显示关系等；因此现在很多非线性数学的方法不断引入到井剖面裂缝的识别工作中，其中较为普遍的有 BP 神经网络法、PNN 神经网络法、K 最邻近结点法、支持向量机法、模糊识别法等，下面主要介绍下 PNN 神经网络法的使用，其他方法可在本著作者相关文献及其他学者文献中查阅。

概率神经网络，即 Probabilistic Neural Network，简称 PNN，是由 Specht 于 20 世纪 90 年代初提出的，是在样本的先验概率和最优判别原则的基础上对新的样本进行分类的一种人工神经网络模型。其模型分类器属于自主监督的前馈型网络分类方法，既具有分类统计的功能，不受多元正态分布的条件限制，又在运算过程中可以直接得出新输入样品的后验概率，得到贝叶斯最优化结果；同时 PNN 不需要训练网络的连接权限，通过测试由给定样品训练直接构成的隐单元就可以检验网络性能。

在研究中通常运用 MATLAB R2008a 提供的 newpnn() 函数即可进行 PNN 网络设计，这里通过分析构建了适用于鄂尔多斯盆地西南缘镇泾地区中生界钻井常规测井裂缝识别的概率神经网络模型，并首先从 HH26、HH42、HH373、HH48 等 24 口井的长 8 取心井段上挑选典型段，分别为有效裂缝段和非裂缝段，具体识别过程如下。

1. 样本的提取

将岩心上统计出的各类裂缝段通过归位对应于常规测井，提取各段对应的常规测井响应信号，其中典型样本包括砂岩有效裂缝段 24 个，砂岩非裂缝段 22 个，泥岩有效裂缝段 9 个，泥岩非裂缝段 15 个。

2. 数据归一化

为了消除不同井测井环境的影响以及不同测井系列数量级的差异等因素，应用极值正规化进行规格化处理，使变换后的新数据为 0～1。

3. 模型构建及样本训练

在 MATLAB R2008a 中，构建 PNN 使用 newpnn() 函数，具体语句为 net＝newpnn(P，T，spread)，其中，P 为 $N×Q$ 的矩阵，表示 Q 个输入向量；T 为 $S×Q$ 的矩阵，表示 Q 个目标类别的向量，必须要使用 ind2vec 函数将期望类别指针 Tc 转化为目标类别向量，而 spread 则是表示径向基函数的散布常数（缺省则默认为 0.1，平滑因子 $\sigma=\dfrac{\sqrt{\lg(2)}}{spread}$）；事实上，spread 趋于无穷时 PNN 趋近于近邻分类器；而 spread 趋于 0 时则接近于线性分类器；至此 PNN 网络就能够完成对输入向量的分类，具体实现的网络结构见图 3-35。

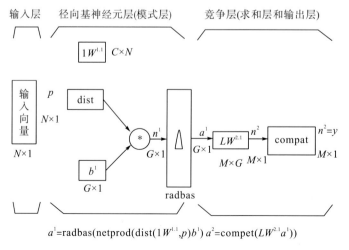

$a^1=radbas(netprod(dist(1W^{1.1},p)b^1)\ a^2=compet(LW^{2.1}a^1))$

图 3-35　基于 Matlab 实现 PNN 网络结构流程

4. 裂缝识别

根据训练样本建立识别模型，其中当 spread 取值为 0.1 时，PNN 网络的分类能力最好，因而在最终的模型中设置 spread 的值为 0.1。建立的 PNN 模型对训练样本进行回判，得到砂岩和泥岩裂缝的回判率超过 95%，说明 PNN 网络在裂缝识别中具有很好的分类效果，可以在鄂尔多斯盆地西南缘镇泾地区中生界钻井中推广应用。

使用上述建立的 PNN 模型对鄂尔多斯盆地西南缘镇泾地区中生界钻井长 8 油层组裂缝进行识别（如图 3-36、图 3-37），识别结果与岩心裂缝描述、判别分析、R/S 法识别结果都有较好的重合性。

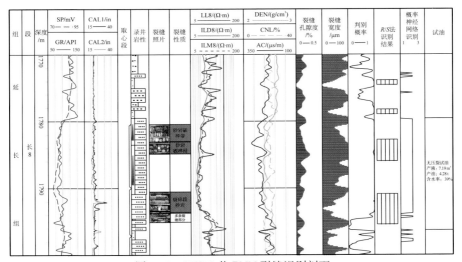

图 3-36　HH42 井 PNN 裂缝识别剖面

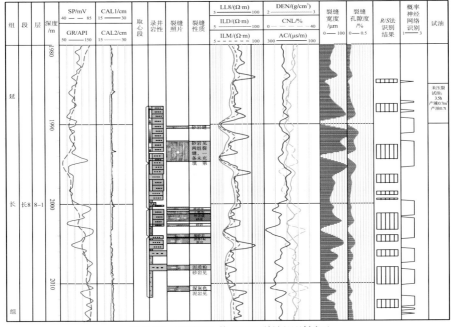

图 3-37　HH373 井 PNN 裂缝识别剖面

第三节　实例应用

下面以四川盆地西缘新场气田须家河组钻井井剖面裂缝识别为例来说明上述方法的实际综合应用。

1. 结合岩心描述与成像测井确定井剖面典型裂缝发育段

通过岩心裂缝观察结果对成像测井影像特征标定，剔除了断层、层理、泥质条带、缝合线及诱导缝等影像特征，保留了未充填裂缝、半充填裂缝和充填裂缝三类裂缝的影像特征（如图 3-38～图 3-41）。

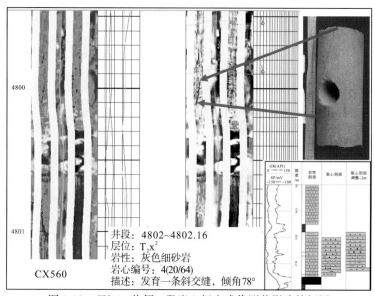

图 3-38　CX560 井须二段岩心标定成像测井影响特征图

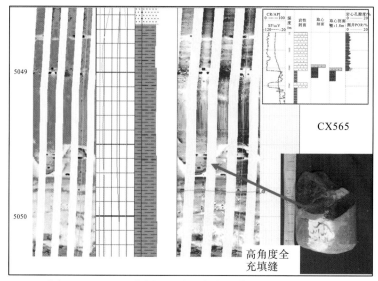

图 3-39　CX565 井须二段岩心标定成像测井影响特征图

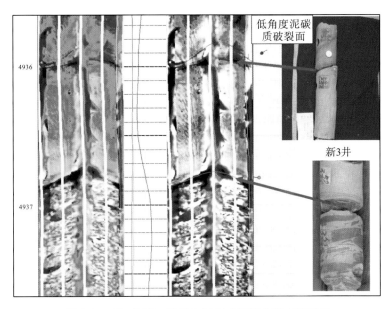

图 3-40 X3 井须二段岩心标定成像测井影响特征图

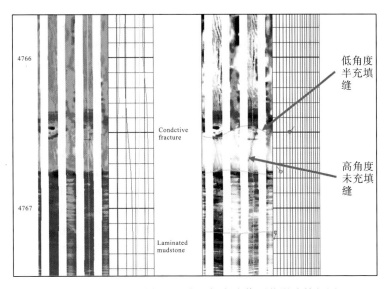

图 3-41 CX560 井须二段岩心标定成像测井影响特征图

根据岩心对成像测井影像特征的标定，并基于成像测井裂缝识别的方法对研究区 14口钻井井剖面裂缝进行了识别(见表 3-13)。井剖面上裂缝主要以发育不连续的半充填裂缝为主，占 57.49%；其次为连续的未充填缝，占 39.44%；连续的全充填缝相对不发育，仅占 3.08%。如果以成像测井反映的裂缝影像特征来判断裂缝的有效性，半充填裂缝及未充填裂缝有效程度高，可以作为流体渗流通道；而全充填裂缝因其电阻率高，有效程度相对较低，几乎为无效裂缝，对流体渗流不起作用。

表 3-13　综合岩心、成像测井完成的井剖面裂缝识别结果

井号	未充填/条	半充填/条	全充填/条	总计/条	裂缝密度/(条/m)
X11	23	39	1	63	0.1212
X201	46	24	1	71	0.1485
X202	18	46	0	64	0.1667
X501	87	164	2	253	0.6711
X853	8	15	0	23	0.0479
X856	10	61	0	71	0.2474
XC8	33	40	2	75	0.1540
X3	57	24	9	90	0.2571
X203	29	32	2	63	0.1346
CX560	62	79	1	142	0.2509
CX565	21	81	13	115	0.2798
L150	14	38	0	52	0.1825
X5	2	6	0	8	0.1818
X10	51	23	5	79	0.1779
总计	461	672	36	1169	

2. 基于交会图分析法确定裂缝的常规测井响应特征

根据上述岩心刻度测井资料提取了裂缝样本及非裂缝样本，其中岩心观察到的高角度裂缝和垂直裂缝按充填性质分为未充填裂缝、半充填裂缝、全充填裂缝。依据所提取的各样本测井特征采用交会图分析法确定裂缝的常规测井响应特征。交会分析表明：未充填裂缝与半充填裂缝样品的 AC 值主要分布在 $60\sim70\,\mu s/ft$，平均值为 $68.19\,\mu s/ft$；全充填裂缝样品与非裂缝样品的 AC 值主要分布在 $50\sim60\,\mu s/ft$，平均值为 $57.14\,\mu s/ft$；表明 AC 对区分未充填裂缝和半充填裂缝与全充填裂缝和非裂缝有一定效果；而 |RT-RS| 对四类样本的区分效果不明显（如图 3-42～图 3-46）。此外从图 3-43 来看，CAL 与 GR 两测井参数对区分裂缝和非裂缝样品效果不明显。

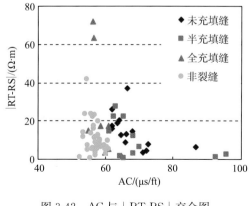

图 3-42　AC 与｜RT-RS｜交会图

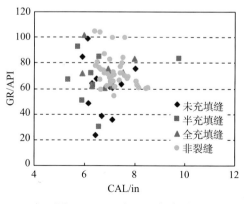

图 3-43　CA 与 GR 交会图

未充填裂缝、半充填裂缝样品的 RLLD 平均值为 $67.08\Omega\cdot m$，全充填裂缝和非裂缝样品的 RLLD 平均值为 $161.1\Omega\cdot m$，整体上未充填裂缝、半充填裂缝样品的 Rlld 值比全充填裂缝和非裂缝样品的 RLLD 值要低，表明 RLLD 对样品区分具有一定的效果，而 GR 对四类样本的区分效果不明显（如图 3-44、图 3-45）。对于 RLLS 来说，未充填裂缝、半充填裂缝样品的 Rlls 平均值为 $55.44\Omega\cdot m$，全充填裂缝和非裂缝样品的 RLLS 平均值为 $159.46\Omega\cdot m$，表明 RLLS 值有一定的区分效果；而 CNL 对四类样本的区分效果不明显（如图 3-46、图 3-47）。

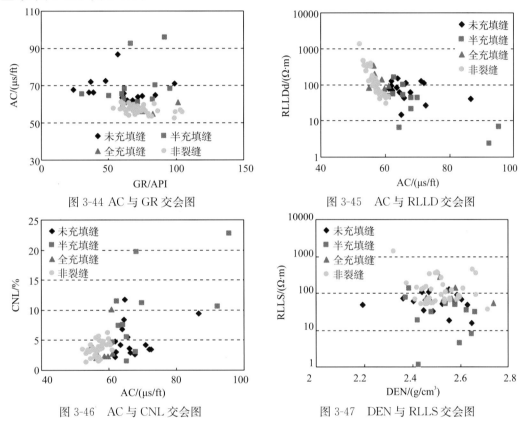

图 3-44　AC 与 GR 交会图　　　　图 3-45　　AC 与 RLLD 交会图

图 3-46　AC 与 CNL 交会图　　　　图 3-47　　DEN 与 RLLS 交会图

3. 基于常规测井井剖面裂缝参数解释

利用上述介绍的深浅电阻率解释井剖面裂缝参数的方法，对研究区目的层段的裂缝孔隙度和张开度进行了计算，解释结果见图 3-48、图 3-49。从单井裂缝参数解释剖面来看，某些地层所解释的裂缝发育段，除双侧向测井外，声波、井径等其他测井资料几乎无任何反应，这可能是由高角度裂缝的原因造成的；同时在储层基质物性条件较好的层段也出现双侧向电阻率测井幅度差增大的现象。

通过对井剖面裂缝参数解释，可以对有效裂缝样本和无效裂缝样本裂缝参数分布进行统计分析，以期找到有效裂缝的参数下限；统计结果表明有效裂缝测井解释裂缝孔隙度大于 0.5%、测井解释裂缝张开度大于 0.005mm，而无效裂缝的测井解释孔隙度普遍小于 0.5%、测井解释裂缝张开度普遍小于 0.005mm；由此将裂缝孔隙度 0.5% 和裂缝张开度 0.005mm 作为判识有效裂缝的下限（如图 3-50、图 3-51）。

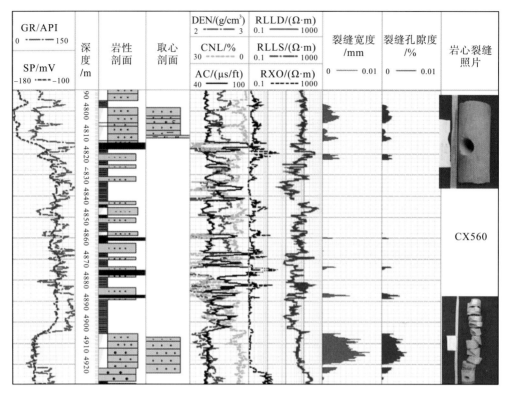

图 3-48　CX560 井常规测井解释裂缝参数剖面

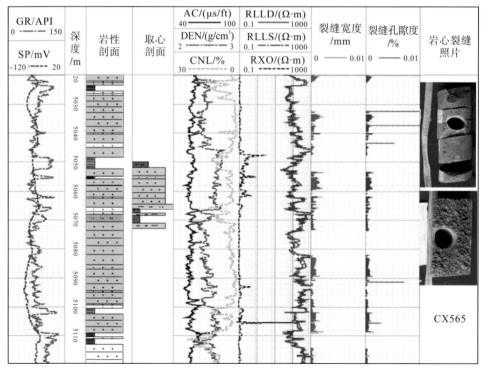

图 3-49　CX565 井常规测井解释裂缝参数剖面

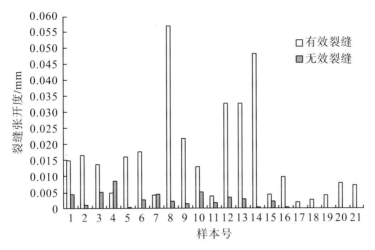

图 3-50 有效裂缝与无效裂缝解释裂缝张开度分布图

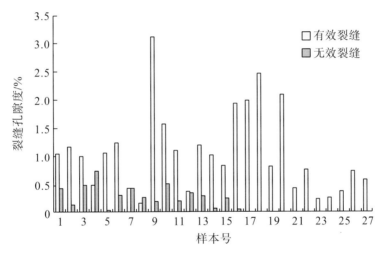

图 3-51 有效裂缝与无效裂缝解释裂缝孔隙度分布图

4. 裂缝判别识别分析

须二段成像测井识别出的裂缝根据所在层段各测井电信号的分析，将因裂缝而造成测井有所响应的抽取出来的 35 个裂缝样本与通过岩心及成像测井观察对未见裂缝的层段对应的测井响应进行分析比较所抽取的 39 个非裂缝样本，总共 74 个样本进行逐步判别。

按照样本初始分类情况，即裂缝与非裂缝两类(分别用数值 1，2 对应标识类型)，采用逐步判别的思想，基于 SPSS 软件通过不断剔除与引入变量，最后优选出建立判别方程的测井参数有 AC(声波时差)和 | RT−RS |(深、浅侧向电阻率差的绝对值)2 个参数，建立判别模型见公式 (3-27)、(3-28)，判别分析结果见表 3-14。

所建立两类样本的判别函数如下：

$$Y_1 = 2.096 \times AC + 0.562 \times | RT-RS | - 74.425 \qquad (3-27)$$

$$Y_2 = 1.784 \times AC + 0.460 \times | RT-RS | - 53.900 \qquad (3-28)$$

式中：

Y_1—裂缝判别函数；

Y_2—非裂缝判别函数；

AC—声波测井值；

$|RT-RS|$—深、浅侧向电阻率差的绝对差值。

表 3-14　判别分析结果表

样本标号	原类型	判别类型	样本标号	原类型	判别类型	样本标号	原类型	判别类型
1	1	1	26	1	2*	51	2	2
2	1	1	27	1	1	52	2	2
3	1	1	28	1	1	53	2	2
4	1	1	29	1	2*	54	2	2
5	1	1	30	1	1	55	2	2
6	1	1	31	1	2*	56	2	2
7	1	1	32	1	1	57	2	2
8	1	1	33	1	2*	58	2	1*
9	1	1	34	1	2*	59	2	2
10	1	2*	35	1	1	60	2	2
11	1	1	36	2	2	61	2	2
12	1	1	37	2	2	62	2	2
13	1	1	38	2	2	63	2	2
14	1	1	39	2	2	64	2	2
15	1	1	40	2	2	65	2	2
16	1	1	41	2	2	66	2	2
17	1	1	42	2	2	67	2	2
18	1	1	43	2	2	68	2	2
19	1	1	44	2	2	69	2	2
20	1	2*	45	2	2	70	2	2
21	1	1	46	2	2	71	2	2
22	1	1	47	2	2	72	2	2
23	1	1	48	2	2	73	2	2
24	1	1	49	2	2	74	2	2
25	1	1	50	2	2			

从表 3-14 看出，在 74 个判别样本中，判错 8 个，回判率达到 89.2%，因此可以应用上述判别函数进行井剖面裂缝和非裂缝的判别；其中判错的样本主要集中在裂缝样本中的全充填裂缝中，原因是全充填裂缝和非裂缝的声波和深浅电阻率值比较相近引起的。

最后在逐步判别分析中利用判别函数计算样本归类概率。通过综合考虑岩心、成像测井及其计算结果，在建立了上述判别函数且通过对各总体判别函数显著性检验后，将待判样品 $X^* = [x_1^*, \ x_2^*, \ \cdots, \ x_m^*]^T$ 代入函数判别式，计算它归入每个类别的判别函数 $F_k(X^*)$ 值（$k = 1, \ 2, \ \cdots, \ g$），然后选出：

$$F_l(X^*) = \max_{1 \leq k \leq g}\{F_l(X^*)\} \tag{3-29}$$

则将 X^* 归入第 l 类。

实际应用中，需要知道待判样品 X^* 归入第几类的概率，可利用下式计算：

$$P_k = \frac{f_k(X^*)q_k}{\sum\limits_{1}^{g} f_i(X^*)q_i} \tag{3-30}$$

对上式两边取对数，并注意到上式中的分子、分母用它的反对数代替，并不影响归类效果，故上式可表示为

$$P_k = \frac{e^{F_k(X^*)}}{\sum\limits_{i=1}^{g} e^{F_i(X^*)}} \tag{3-31}$$

计算时为避免产生计算"溢出"现象，上式可改写为

$$P_k = \frac{\exp[F_k(X^*) - \max\limits_{1 \leq i \leq g}\{F_i(X^*)\}]}{\sum\limits_{r=1}^{g} \exp[F_r(X^*) - \max\limits_{1 \leq i \leq g}\{F_i(X^*)\}]} \quad (k, r = 1, 2, \cdots, g) \tag{3-32}$$

用计算出的概率大小判别样品 X^* 的归属，只要选 $P_k(k = 1, 2, \cdots, g)$ 中最大的那个相应的类即可。

通过计算和统计前述典型有效裂缝和非裂缝样品总共 770 个样本的概率值，其分布如图 3-52 所示，从图中可以看出有效裂缝主要分布于概率大于 0.7 的区域，而无效裂缝主要分布于概率小于 0.7 的区域，考虑到常规测井预测裂缝的复杂性与不确定性，这里将有效裂缝概率预测下限定为 0.7。

5. 井剖面裂缝的非线性识别

1) BP 神经网络法

BP 神经网络结构设计为输入层、隐含层、输出层（如图 3-53），经过反复试验选取了两组输入参数，其中一组为 CAL（井径）、AC（声波时差）、CNL（中子孔隙度）、｜RT−RS｜（深、浅侧向电阻率差的绝对值）这 4 个测井参数，另外一组在这一组基础上去掉 CAL 后得到的三参数组合，作为神经网络的输入。下面以四输入参数为例介绍分类器的设计，同理可以得到三输入参数的分类器。

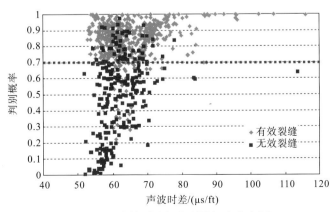

图 3-52　有效裂缝与非裂缝概率分布图

　　输入结点为 4 个，根据隐含层结点个数大约为输入结点的两倍关系，隐含层取 8 个结点，输出层取 2 个结点，这 2 个输出为两位二进制数，代表神经网络输出的裂缝类型。三层 BP 神经网络(四输入参数)结构的学习分为正向传播输出和反向传播修正权值两个阶段(如图 3-53)。

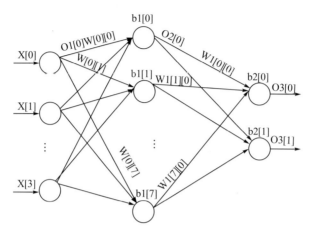

图 3-53　三层 BP 神经网络(四输入参数)结构图

　　采用上述 BP 神经网络开展单井裂缝识别，步骤为样本筛选、样本训练建模、裂缝识别。其中样本筛选依据逐步判别分析的结果并参考交会分析结果，以岩心裂缝描述结果选取两组测井参数组合获得了两组样本(见表 3-15、表 3-16)。样本训练建模由两组样本分别建立两个 BP 神经网络识别模型，并对样本进行识别，得出三参数样本建立的 BP 模型的识别正确率为 58.209%，而四参数样本建立的 BP 模型识别准确率仅为 37.313%，各模型识别结果见表 3-17、表 3-18。使用该模型开展单井裂缝识别的回判识别正确率较低，均不足 60%，因此 BP 神经网络法在此只能作为综合识别工作的参考。

表 3-15　三参数样本数据表

样本编号	AC	CNL	|RT-RS|	判别类型	样本编号	AC	CNL	|RT-RS|	判别类型
1	71.057	4.2	3.193	1	13	64.416	8.386	12.551	1
2	61.924	2.12	17.066	1	14	63.878	6.77	20.339	1
3	62.031	3.024	15.783	1	15	86.658	9.399	6.034	1
4	61.826	4.809	25.936	1	16	63.571	4.149	18.908	1
5	66.109	3.557	12.734	1	17	61.114	4.634	15.169	1
6	66.375	2.943	37.075	1	18	92.358	10.563	1.172	1
7	67.803	2.671	14.604	1	19	95.647	22.651	2.48	1
8	61.768	4.702	16.478	1	20	64.31	7.565	1.285	1
9	72.07	3.437	4.402	1	21	61.141	4.688	14.595	1
10	64.841	11.728	0.913	1	22	68.047	3.021	11.946	1
11	72.537	3.418	7.676	1	23	62.369	11.354	22.181	1
12	65.707	5.561	8.688	1	24	65.398	5.536	21.857	1

样本编号	AC	CNL	｜RT-RS｜	判别类型	样本编号	AC	CNL	｜RT-RS｜	判别类型
25	68.135	19.653	3.111	1	47	58.161	4.154	9.354	2
26	65.4	1.41	0.67	1	48	59.699	6.264	5.493	2
27	69.894	11.157	6.115	1	49	58.133	3.659	10.074	2
28	62.84	7.439	27.284	1	50	53.879	3.372	23.376	2
29	56.935	1.468	8.833	2	51	54.429	3.059	41.89	2
30	56.006	2.489	5.486	2	52	60.181	4.55	6.323	2
31	57.667	3.454	12.679	2	53	55.449	3.564	0.3	2
32	56.45	3.208	17.136	2	54	56.05	2.206	5.955	2
33	58.249	4.186	7.545	2	55	56.839	1.773	11.335	2
34	60.012	5.153	3.051	2	56	57.068	2.133	3.289	2
35	60.949	3.37	5.437	2	57	57.064	1.571	2.131	2
36	56.278	5.281	21.953	2	58	57.582	1.663	7.268	2
37	57.744	3.712	19.566	2	59	54.736	1.859	7.414	2
38	57.15	3.955	8.707	2	60	56.619	2.104	11.097	2
39	58.525	4.802	6.112	2	61	56.113	2.152	5.08	2
40	59.498	4.2	7.416	2	62	56.307	2.395	15.767	2
41	57.165	5.568	8.566	2	63	55.542	3.348	23.584	2
42	54.652	4.188	4.931	2	64	52.156	3.417	1.19	2
43	56.791	3.124	23.152	2	65	53.377	2.759	11.487	2
44	60.614	4.127	9.494	2	66	55.703	3.51	13.3	2
45	57.393	4.882	5.155	2	67	53.292	1.336	13.681	2
46	60.243	4.465	6.005	2					

表 3-16 四参数样本数据表

样本编号	CAL	AC	CNL	｜RT-RS｜	判别类型	样本编号	CAL	AC	CNL	｜RT-RS｜	判别类型
1	6.129	71.057	4.2	3.193	1	12	7.001	65.707	5.561	8.688	1
2	6.28	61.924	2.12	17.066	1	13	8.028	64.416	8.386	12.551	1
3	6.461	62.031	3.024	15.783	1	14	6.934	63.878	6.77	20.339	1
4	7.1	61.826	4.809	25.936	1	15	0	86.658	9.399	6.034	1
5	7.117	66.109	3.557	12.734	1	16	0	63.571	4.149	18.908	1
6	6.691	66.375	2.943	37.075	1	17	0	61.114	4.634	15.169	1
7	6.425	67.803	2.671	14.604	1	18	5.345	92.358	10.563	1.172	1
8	7.468	61.768	4.702	16.478	1	19	5.721	95.647	22.651	2.48	1
9	0	72.07	3.437	4.402	1	20	5.918	64.31	7.565	1.285	1
10	5.92	64.841	11.728	0.913	1	21	6.246	61.141	4.688	14.595	1
11	6.147	72.537	3.418	7.676	1	22	6.315	68.047	3.021	11.946	1

续表

样本编号	CAL	AC	CNL	｜RT-RS｜	判别类型	样本编号	CAL	AC	CNL	｜RT-RS｜	判别类型
23	24.795	62.369	11.354	22.181	1	46	8.069	60.243	4.465	6.005	2
24	0	65.398	5.536	21.857	1	47	7.385	58.161	4.154	9.354	2
25	0	68.135	19.653	3.111	1	48	6.978	59.699	6.264	5.493	2
26	6.586	65.4	1.41	0.67	1	49	7.71	58.133	3.659	10.074	2
27	6.588	69.894	11.157	6.115	1	50	7.046	53.879	3.372	23.376	2
28	7.104	62.84	7.439	27.284	1	51	7.116	54.429	3.059	41.89	2
29	6.652	56.935	1.468	8.833	2	52	7.218	60.181	4.55	6.323	2
30	6.628	56.006	2.489	5.486	2	53	7.477	55.449	3.564	0.3	2
31	6.756	57.667	3.454	12.679	2	54	6.792	56.05	2.206	5.955	2
32	7.128	56.45	3.208	17.136	2	55	6.801	56.839	1.773	11.335	2
33	8.508	58.249	4.186	7.545	2	56	6.575	57.068	2.133	3.289	2
34	7.523	60.012	5.153	3.051	2	57	6.9	57.064	1.571	2.131	2
35	8.435	60.949	3.37	5.437	2	58	6.596	57.582	1.663	7.268	2
36	7.753	56.278	5.281	21.953	2	59	7.023	54.736	1.859	7.414	2
37	7.17	57.744	3.712	19.566	2	60	6.596	56.619	2.104	11.097	2
38	7.123	57.15	3.955	8.707	2	61	6.924	56.113	2.152	5.08	2
39	7.417	58.525	4.802	6.112	2	62	6.425	56.307	2.395	15.767	2
40	7.433	59.498	4.2	7.416	2	63	6.409	55.542	3.348	23.584	2
41	7.175	57.165	5.568	8.566	2	64	7.102	52.156	3.417	1.19	2
42	7.483	54.652	4.188	4.931	2	65	6.98	53.377	2.759	11.487	2
43	8.071	56.791	3.124	23.152	2	66	7.597	55.703	3.51	13.3	2
44	8.176	60.614	4.127	9.494	2	67	6.493	53.292	1.336	13.681	2
45	7.581	57.393	4.882	5.155	2						

2）PNN 神经网络法

PNN 有几种典型的拓扑结构，这里使用的是基于密度函数核估计的 PNN 结构，该结构由输入层、隐层、加层、输出层组成（如图 3-54）；其中输入层不做任何计算，把数据 $\bar{x}$ 输到网络。隐层接收输入数据 $\bar{x}$ 后，第 i 类模式的第 j 隐层神经元所确定的输入输出关系由下式来定义。

表 3-17　三参数样本 BP 模型识别结果

样品编号	源类型	判别类型	样品编号	原类型	判别类型
1	1	2*	6	1	2*
2	1	2*	7	1	2*
3	1	2*	8	1	2*
4	1	2*	9	1	2*
5	1	2*	10	1	2*

续表

样品编号	源类型	判别类型	样品编号	原类型	判别类型
11	1	2*	40	2	2
12	1	2*	41	2	2
13	1	2*	42	2	2
14	1	2*	43	2	2
15	1	2*	44	2	2
16	1	2*	45	2	2
17	1	2*	46	2	2
18	1	2*	47	2	2
19	1	2*	48	2	2
20	1	2*	49	2	2
21	1	2*	50	2	2
22	1	2*	51	2	2
23	1	2*	52	2	2
24	1	2*	53	2	2
25	1	2*	54	2	2
26	1	2*	55	2	2
27	1	2*	56	2	2
28	1	2*	57	2	2
29	2	2	58	2	2
30	2	2	59	2	2
31	2	2	60	2	2
32	2	2	61	2	2
33	2	2	62	2	2
34	2	2	63	2	2
35	2	2	64	2	2
36	2	2	65	2	2
37	2	2	66	2	2
38	2	2	67	2	2
39	2	2			

表 3-18　四参数样本 BP 模型识别结果

样品编号	源类型	判别类型	样品编号	原类型	判别类型
1	1	1	5	1	1
2	1	1	6	1	2*
3	1	1	7	1	2*
4	1	1	8	1	2*

样品编号	源类型	判别类型	样品编号	原类型	判别类型
9	1	2*	39	2	2
10	1	1	40	2	1*
11	1	1	41	2	1*
12	1	1	42	2	1*
13	1	1	43	2	1*
14	1	1	44	2	1*
15	1	1	45	2	1*
16	1	1	46	2	1*
17	1	2*	47	2	1*
18	1	1	48	2	1*
19	1	1	49	2	1*
20	1	1	50	2	1*
21	1	1	51	2	1*
22	1	2*	52	2	2
23	1	1	53	2	1*
24	1	1	54	2	1*
25	1	2*	55	2	1*
26	1	1	56	2	1*
27	1	1	57	2	1*
28	1	1	58	2	1*
29	2	1*	59	2	1*
30	2	1*	60	2	1*
31	2	1*	61	2	1*
32	2	2	62	2	1*
33	2	1*	63	2	1*
34	2	1*	64	2	1*
35	2	1*	65	2	1*
36	2	1*	66	2	1*
37	2	2	67	2	1*
38	2	1*			

$$\Phi_{ij}(\overrightarrow{x}) = \frac{1}{(2\pi)^{s/2}\sigma^s}\exp\left(-\frac{(\overrightarrow{x}-\overrightarrow{x}_{ij})(\overrightarrow{x}-\overrightarrow{x}_{ij})^T}{\sigma^2}\right) \tag{3-33}$$

式中：$i=1$，2，…，M；$j=1$，2，…，N_i；

$\quad$ M—训练样本的总类数；

$\quad$ N_i—第 i 类训练样本的个数，称其为 PNN 的第 i 类模式的隐层神经元个数；

$\quad$ s—样本空间维数；

σ—平滑参数，$\sigma \in (0, \infty)$；

$\vec{x}_{ij}$—第 i 类训练样本的第 j 个样本数据，称其为 PNN 的第 i 类模式的第 j 隐中心矢量。

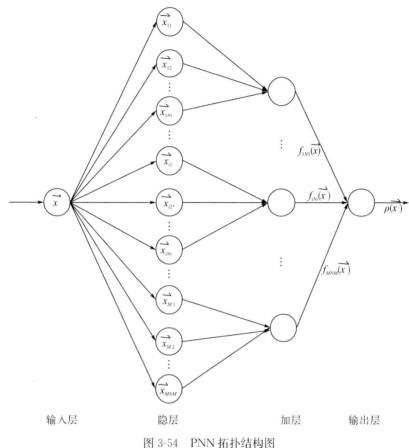

图 3-54　PNN 拓扑结构图

加层则把隐中心矢量中属于同一类的所代表的隐层神经元输出相加并作算术平均。

$$f_{iN_i}(\vec{x}) = \frac{1}{N_i} \sum_{j=1}^{N_i} \Phi_{ij}(\vec{x}) \tag{3-34}$$

由贝叶斯准则，$f_{iN_i}(\vec{x})$ 中最大者的第一个下标所代表的类别为样本 $\vec{x}$ 的估计类别，故得输出层的输出如下：

$$\rho(\vec{x}) = \arg \max_i \{\alpha_i f_{iN_i}(\vec{x})\} \tag{3-35}$$

运用该方法开展井剖面裂缝的步骤为样本筛选、样本训练建模，其中建立概率神经网络模型选用的样本与建立 BP 神经网络识别模型时选用的样本类似；样本训练建模由两组样本中选取不同的窗宽，建立 PNN 裂缝识别模型，再用所建立的模型对样本进行识别，结果为：spread（窗宽 $\text{spread} = \dfrac{\sqrt{\lg(2)}}{\sigma}$，$\sigma$ 为平滑参数）取值 $0.1\sim0.9$，三参数样本建立的 PNN 模型与四参数建立的 PNN 模型识别结果相同，识别正确率为 41.79%（见表 3-19）；回判结果显示，39 个非裂缝样本的裂缝类型误识别为裂缝样本。因此在这里的研究中，PNN 概率神经网络识别模型进行裂缝识别的效果相对较弱；但 PNN 概率神经网络识别方法可在井剖面裂缝综合识别中作为辅助参考。

表 3-19   三(四)参数样本 PNN 模型识别结果(窗宽取 0.1~0.9)

样品编号	源类型	判别类型	样品编号	原类型	判别类型
1	1	1	35	2	1*
2	1	1	36	2	1*
3	1	1	37	2	1*
4	1	1	38	2	1*
5	1	1	39	2	1*
6	1	1	40	2	1*
7	1	1	41	2	1*
8	1	1	42	2	1*
9	1	1	43	2	1*
10	1	1	44	2	1*
11	1	1	45	2	1*
12	1	1	46	2	1*
13	1	1	47	2	1*
14	1	1	48	2	1*
15	1	1	49	2	1*
16	1	1	50	2	1*
17	1	1	51	2	1*
18	1	1	52	2	1*
19	1	1	53	2	1*
20	1	1	54	2	1*
21	1	1	55	2	1*
22	1	1	56	2	1*
23	1	1	57	2	1*
24	1	1	58	2	1*
25	1	1	59	2	1*
26	1	1	60	2	1*
27	1	1	61	2	1*
28	1	1	62	2	1*
29	2	1*	63	2	1*
30	2	1*	64	2	1*
31	2	1*	65	2	1*
32	2	1*	66	2	1*
33	2	1*	67	2	1*
34	2	1*			

3)K 最邻近结点法

K 最邻近(K-Nearest Neighbor，KNN)分类算法，是一个理论上比较成熟的方法，也是最简单的机器学习算法之一。该方法的思路是：如果一个样本在特征空间中 K 个最相似(即特征空间中最邻近)的样本中的大多数属于某一个类别，则该样本也属于这个类别。KNN算法中，所选择的邻居都是已经正确分类的对象。该方法在定类决策上只依据最邻近的一个或者几个样本的类别来决定待分类样本所属的类别。KNN方法虽然从原理上也依赖于极限定理，但在类别决策时，只与极少量的相邻样本有关。由于KNN方法主要靠周围有限的邻近的样本，而不是靠判别类域的方法确定所属类别，因此对于类域的交叉或重叠较多的待分样本集来说，KNN方法较其他方法更为合适。

K 最邻近算法最初由 Cover 和 Hart 于1986年提出，是一个理论上比较成熟的方法。该算法的基本思路是：根据传统的向量空间模型，样本内容被形式化为特征空间中的加权特征向量，即 $D = D(T_1, S_1; T_2, S_2; \cdots; T_n, S_n)$。对于一个测试样本，计算它与训练样本集中每个样本的相似度，找出 K 个最相似的文本，根据加权距离判断测试样本所属的类别。具体算法步骤如下。

(1)根据特征项集合重新描述训练样本向量。

(2)对于一个测试样本，根据测井参数形成测试样本向量。

(3)计算该测试样本与训练集中每个样本的相似度，计算公式如下：

$$\mathrm{Sim}(\boldsymbol{d}_i, \boldsymbol{d}_j) = \frac{\sum\limits_{k=1}^{M} S_{ik} \times S_{jk}}{\sqrt{\sum\limits_{k=1}^{M} S_{ik}^2} \sqrt{\sum\limits_{k=1}^{M} S_{jk}^2}} \tag{3-36}$$

式中：$\boldsymbol{d}_i$—测试样本的特征向量，$\boldsymbol{d}_j$ 为第 j 个训练样本的特征向量；

M—特征向量的维数；

S_{ik}，S_{jk}—对应向量的第 k 维，K 值的确定一般先采用一个初始值，然后根据实验测试的结果调整 K 值。

(4)在新样本的 K 个邻近样本中，依次计算每类的权重，计算公式如下：

$$p(\boldsymbol{x}, C_j) = \sum_{\overline{d}_i \in D} \mathrm{Sim}(\overline{x}, \overline{d}_i) y(\overline{d}_i, C_j) \tag{3-37}$$

式中：$\boldsymbol{x}$—新样本的特征向量；

$\mathrm{Sim}(\overline{x}, \overline{d}_i)$—相似度计算公式，与上一步骤的计算公式相同；

$y(\overline{d}_i, C_j)$—类别属性函数，即如果 $\overline{d}_i$ 属于类 C_j，那么函数值为 1，否则为 0。

(5)比较类的权重，将样本分到权重最大的那个类别中。

KNN方法基于类比学习，是一种非参数的分类技术，在基于统计的模式识别中非常有效，对于未知和非正态分布可以取得较高的分类准确率，具有鲁棒性、概念清晰等优点。

运用此方法开展井剖面裂缝识别的步骤为样本筛选、样本训练建模。其中对于KNN识别方法的样本筛选与BP神经网络识别方法相似；而样本训练建模中，K 值的选取对于KNN识别方法显得尤为重要，不同的 K 值识别效果就不同，由两组建模样本，K 值取 1~10 的整数，建立两个KNN识别模型。用建立的模型对建模样本进行识别，得出三参数样本建立的 KNN 模型：$K=3$、4 时，识别正确率最高为 98.507%；四参数样本建立的 KNN 模型：$K=3$、4 时，识别正确率最高为 98.507%（见表 3-20、表 3-21）。

表 3-20 三参数样本 KNN 模型识别结果($K=3$、4)

样品编号	源类型	判别类型	样品编号	原类型	判别类型
1	1	1	35	2	2
2	1	1	36	2	2
3	1	1	37	2	2
4	1	1	38	2	2
5	1	1	39	2	2
6	1	1	40	2	2
7	1	1	41	2	2
8	1	1	42	2	2
9	1	1	43	2	2
10	1	1	44	2	2
11	1	1	45	2	2
12	1	1	46	2	2
13	1	1	47	2	2
14	1	1	48	2	2
15	1	1	49	2	2
16	1	1	50	2	2
17	1	1	51	2	1*
18	1	1	52	2	2
19	1	1	53	2	2
20	1	1	54	2	2
21	1	1	55	2	2
22	1	1	56	2	2
23	1	1	57	2	2
24	1	1	58	2	2
25	1	1	59	2	2
26	1	1	60	2	2
27	1	1	61	2	2
28	1	1	62	2	2
29	2	2	63	2	2
30	2	2	64	2	2
31	2	2	65	2	2
32	2	2	66	2	2
33	2	2	67	2	2
34	2	2			

表 3-21　四参数样本 KNN 模型识别结果($K=3$、4)

样品编号	源类型	判别类型	样品编号	原类型	判别类型
1	1	1	35	2	2
2	1	1	36	2	2
3	1	1	37	2	2
4	1	1	38	2	2
5	1	1	39	2	2
6	1	1	40	2	2
7	1	1	41	2	2
8	1	1	42	2	2
9	1	1	43	2	2
10	1	1	44	2	2
11	1	1	45	2	2
12	1	1	46	2	2
13	1	1	47	2	2
14	1	1	48	2	2
15	1	1	49	2	2
16	1	1	50	2	2
17	1	1	51	2	1*
18	1	1	52	2	2
19	1	1	53	2	2
20	1	1	54	2	2
21	1	1	55	2	2
22	1	1	56	2	2
23	1	1	57	2	2
24	1	1	58	2	2
25	1	1	59	2	2
26	1	1	60	2	2
27	1	1	61	2	2
28	1	1	62	2	2
29	2	2	63	2	2
30	2	2	64	2	2
31	2	2	65	2	2
32	2	2	66	2	2
33	2	2	67	2	2
34	2	2			

按照上述建立的三参数样本 KNN 识别模型($K=3$、4)对新场地区具有声波时差、中子孔隙度、深侧向感应电阻率测井曲线且有岩心资料的 14 口井进行井剖面裂缝的识别，当 $K=3$ 时的三参数样本 KNN 识别模型、四参数样本 KNN 识别模型识别效果较好，识别结果与岩心裂缝描述结果吻合度较高（如图 3-55、图 3-56）。

4）支持向量机法

支持向量机（Support Vector Machine）是 Vapnik 等根据统计学理论提出的一种新的学习方法，它是建立在统计学理论 VC 维理论和结构风险最小原理基础上，能较好地解决小样本、非线性、高维数和局部极小点等实际问题，已成为机器学习界的研究热点之一，并成功地应用于分类、函数逼近和时间序列预测等方面。

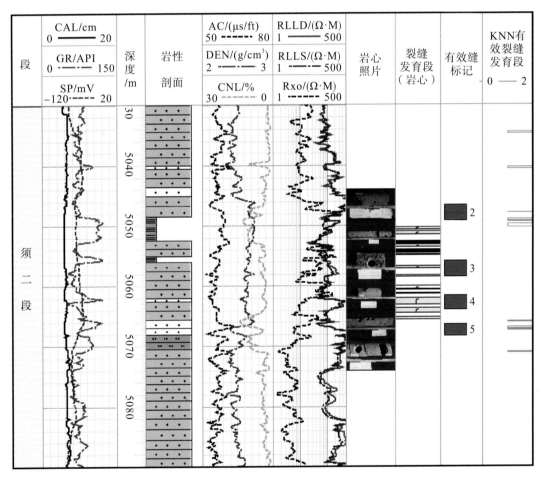

图 3-55　CX565 井 $K=3$ 三参数 KNN 识别模型有效裂缝识别剖面

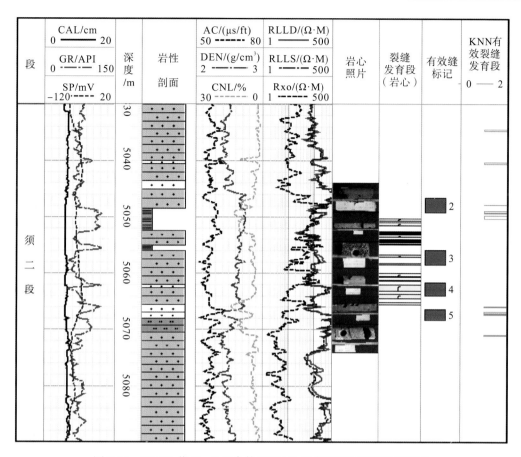

图 3-56 CX565 井 $K=3$ 四参数 KNN 识别模型有效裂缝识别剖面

对于线性可分样本集，$(\boldsymbol{X}_i, y_i)(i=1, 2, \cdots, N, X \in R^n, y_i \in \{-1, 1\})$，选取一个支持向量 $\boldsymbol{X}_i$，可求得 b^*。

$$b^* = y_i - \langle \boldsymbol{X}_i \times W^* \rangle \tag{3-38}$$

得到最优判别函数具有如下形式：

$$f(\boldsymbol{X}) = \sum_{i=1}^{N} y_i a_i^* \langle \boldsymbol{X}_i \times \boldsymbol{X} \rangle + b^* \tag{3-39}$$

而对于非线性映射，假设 $\varphi: R^n \rightarrow H$ 将输入空间的样本映射到高维（可能是无穷维）的特征空间 $\boldsymbol{H}$ 中构造最优超平面时，训练算法仅使用空间中的点积，即 $\langle \varphi(\boldsymbol{X}_i), \varphi(\boldsymbol{X}_j) \rangle$，而没有单独的 $\varphi(\boldsymbol{X}_i)$ 出现。因此如果能够找到一个函数 k 使得 $k(\boldsymbol{X}_i, \boldsymbol{X}_j) = \langle \varphi(\boldsymbol{X}_i), \varphi(\boldsymbol{X}_j) \rangle$，这样在高维特征空间中实际上只需进行内积运算，而这种内积运算可以用输入空间中的某些特殊函数来实现，我们甚至没有必要知道变换 φ 的具体形式，这些特殊的函数 k 称为核函数。根据泛函的有关理论，只要核函数 $k(x_i, x_j)$ 满足 Mercer 条件，它就对应某一变换空间中的内积。

此时，目标函数变为

$$\max \boldsymbol{H}(\boldsymbol{a}) = \sum_{i=1}^{n} a_i - \frac{1}{2} \sum_{i=1}^{N} \sum_{j=1}^{N} y_i y_j a_i a_j k(\boldsymbol{X}_i \times \boldsymbol{X}_j)$$

$$\sum_{i=1}^{n} y_i a_i = 0, a_i \geqslant 0, i = 1, 2, \cdots, N \qquad (3\text{-}40)$$

相应的判别函数变为：

$$f(\boldsymbol{X}) = \sum_{i=1}^{N} y_i a_i^* k(\boldsymbol{X}_i \cdot \boldsymbol{X}_j) + b^* \qquad (3\text{-}41)$$

这就是支持向量机（SVM）。

支持向量机利用输入空间的核函数取代了高维特征空间中的内积运算，解决了算法可能导致的"维数灾难"问题；在构造判别函数时，不是对输入空间的样本做非线性变换，然后在特征空间中求解；而是先在输入空间比较向量（如求内积或是某种距离），对结果再做非线性变换。这样大的工作量在输入空间而不是在高维特征空间中完成。

支持向量机判别函数形式上类似于一个神经网络，输出是 M 个中间结点的线性组合，每个中间结点对应一个支持向量（如图 3-57）。

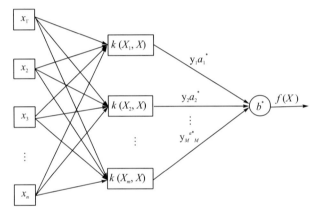

图 3-57　支持向量机的网络结构

Mercer 定理将核解释为特征空间的内积，核函数的思想是将原本在高维特征空间中的计算，通过核函数在输入空间中完成，而无须知道高维变换的显式公式。为了避免"维数灾难"，许多学习算法都是通过"降维"的方式，将高维原始空间变换到较低维的特征空间，这容易损失一些有用的特征，导致学习性能的下降。而基于核的方法却恰好相反，它将低维向高维映射，却不需要过多地考虑维数对学习机器性能的影响。核函数是支持向量机的重要组成部分。根据 Hilbert-Schmidt 定理，只要变换 φ 满足 Mercer 条件，就可用于构建核函数，Mercer 条件为给定对称函数 $k(x, y)$ 和任意函数 $\varphi(x) \neq 0$，满足约束：

$$\begin{cases} \displaystyle\int_{-\infty}^{+\infty} \varphi^2(x)\,\mathrm{d}x < 0 \\ \displaystyle\iint_{-\infty}^{+\infty} k(x, y)\varphi(x)\varphi(y)\,\mathrm{d}x\,\mathrm{d}y > 0 \end{cases} \qquad (3\text{-}42)$$

目前常用的核函数主要有线性核函数（linear）、二次核函数（quadratic）、多项式核函数（polynomial）、径向基核函数（radial basis function，RBF）、多层感知器（multi-layer perceptron，MLP），具体函数定义如下：

（1）线性核函数。

$$k(\boldsymbol{X},\boldsymbol{Y}) = \langle \boldsymbol{X},\boldsymbol{Y} \rangle \tag{3-43}$$

（2）二次核函数。

$$k(\boldsymbol{X},\boldsymbol{Y}) = \langle \boldsymbol{X},\boldsymbol{Y} \rangle (\langle \boldsymbol{X},\boldsymbol{Y} \rangle + 1) \tag{3-44}$$

（3）多项式核函数。多项式是最常使用的一种非线性映射，d 阶的多项式核函数定义如下：

$$k(\boldsymbol{X},\boldsymbol{Y}) = (\langle \boldsymbol{X},\boldsymbol{Y} \rangle + c)^d \tag{3-45}$$

其中，c 为常数，d 为多项式阶数，当 $c = 0$，$d = 1$ 时，该核函数即为线性核函数。

（4）高斯径向基（RBF）函数。最通用的径向基函数采用高斯径向基函数，定义为：

$$k(\boldsymbol{X},\boldsymbol{Y}) = \exp\left\{\frac{|\boldsymbol{X} - \boldsymbol{Y}|^2}{2\sigma^2}\right\} \tag{3-46}$$

其中，$|\boldsymbol{X} - \boldsymbol{Y}|$ 为两个向量之间的距离，σ 为常数。

（5）多层感知器核函数（又称 Sigmoid 核函数）

$$k(\boldsymbol{X},\boldsymbol{Y}) = \tanh(\text{scale} \times \langle \boldsymbol{X},\boldsymbol{Y} \rangle - \text{offset}) \tag{3-47}$$

其中，scale 和 offset 是尺度和衰减参数。

要实现支持向量机的多类分类，首先要实现两类分类；支持向量机分类算法包括两部分，支持向量机的训练和支持向量机分类。

（1）支持向量机训练的步骤。

①输入两类训练样品向量 $(\boldsymbol{X}_i, y_i)(i = 1,2,\cdots,N; \boldsymbol{X}_i \in R^n; y_i \in \{-1,1\})$，类号分别为 ω_1，ω_2。如果 $\boldsymbol{X}_i \in \omega_1$，则 $y_i = -1$；如果 $\boldsymbol{X}_i \in \omega_2$，则 $y_i = 1$。

②指定核函数类型。

③利用二次规划方法求解目标函数式的最优解，得到最优 Lagrange 乘子 a^*。

④利用样本库中的一个支持向量 $\boldsymbol{X}$，代入式（3-41），左值 $f(\boldsymbol{X})$ 为其类别值（-1 或 1），可得到偏差值 b^*。

（2）支持向量机的分类步骤。

①输入待测样品 $\boldsymbol{X}$。

②利用训练好的 Lagrange 乘子 a^*、偏差值 b^* 和核函数，根据式（3-39）求解判别函数 $f(\boldsymbol{X})$。

③根据 $\text{sgn}(f(\boldsymbol{X}))$ 的值，输出类别。如果 $\text{sgn}(f(\boldsymbol{X}))$ 为 -1，则该样品属于类 ω_1；如果 $\text{sgn}(f(\boldsymbol{X}))$ 为 1，则该样品属于类 ω_2。

运用该方法进行井剖面裂缝识别，需要开展样本筛选、样本训练建模两步工作，其中样本筛选结果见表 3-15、表 3-16。

样本训练建模过程中，核函数是支持向量机方法的核心，设置不同的核函数，得到的识别结果就不同。使用 matlab 自带的支持向量机建模函数 svmtrain()、分类函数 svmclassify()，选取常用核函数用建模样本建立支持向量机模型，再用建立的模型对建模样本进行识别。对于三参数样本核函数选取"径向基核函数"建立的 SVM 模型，识别正确率为 100%（见表 3-22）。四参数样本建立的 SVM 模型与三参数样本建立的 SVM 模型识别结果相同。

使用上述核函数选用"径向基核函数"建立的三参数 SVM 识别模型和四参数 SVM

识别模型对新场地区满足模型要求及测井曲线配套的井进行目的层段的裂缝识别，识别结果表明四参数 SVM 识别模型识别效果较差，其识别出大段连续的裂缝发育段，与岩心描述结果不吻合，而三参数 SVM 识别模型识别效果较好，与岩心描述结果吻合度高（如图 3-58）。

6. 井剖面裂缝的综合识别

基于上述 BP、PNN、KNN、SVM 及逐步判别井剖面裂缝识别工作，各种方法对样本的识别角度不同，识别效果比较好的是 KNN、SVM 及逐步判别方法；再结合岩心裂缝描述、成像测井解释及裂缝参数解释结果等，综合考虑多种方法、多种因素提出裂缝识别预测标准。

综上所述，对于常规测井裂缝识别与预测，各方法识别效果如表 3-23 所示。选择 KNN、SVM 及逐步判别结果，并考虑表 3-24 所列标准进行裂缝的综合识别预测，综合预测结果与岩心裂缝描述及成像测井裂缝结果基本吻合（如表 3-24、图 3-59、图 3-60）。

表 3-22　三（四）参数样本 SVM 模型识别结果（核函数为径向基函数）

样品编号	源类型	判别类型	样品编号	原类型	判别类型
1	1	1	20	1	1
2	1	1	21	1	1
3	1	1	22	1	1
4	1	1	23	1	1
5	1	1	24	1	1
6	1	1	25	1	1
7	1	1	26	1	1
8	1	1	27	1	1
9	1	1	28	1	1
10	1	1	29	2	2
11	1	1	30	2	2
12	1	1	31	2	2
13	1	1	32	2	2
14	1	1	33	2	2
15	1	1	34	2	2
16	1	1	35	2	2
17	1	1	36	2	2
18	1	1	37	2	2
19	1	1	38	2	2

续表

样品编号	源类型	判别类型	样品编号	原类型	判别类型
39	2	2	54	2	2
40	2	2	55	2	2
41	2	2	56	2	2
42	2	2	57	2	2
43	2	2	58	2	2
44	2	2	59	2	2
45	2	2	60	2	2
46	2	2	61	2	2
47	2	2	62	2	2
48	2	2	63	2	2
49	2	2	64	2	2
50	2	2	65	2	2
51	2	2	66	2	2
52	2	2	67	2	2
53	2	2			

表 3-23 各方法识别裂缝效果及裂缝综合识别对比表

识别方法	BP（三参数）	BP（四参数）	PNN（三参数）	PNN（四参数）	KNN（三参数）	KNN（四参数）
精度	58.21%	37.31%	41.79%	41.79%	98.51%	98.51%

识别方法	SVM（三参数）	SVM（四参数）	逐步判别法	
			裂缝与非裂缝	有效缝与无效缝
精度	100%	100%	89.20%	91.10%
裂缝综合识别	与岩心裂缝吻合率		与成像测井裂缝吻合率	
	92.86%		76.11%	

表 3-24 裂缝综合识别标准

类型	裂缝判别概率	测井解释孔隙度/%	测井解释宽度/mm
裂缝	>0.7	>0.5	>0.005
非裂缝	<0.7	<0.5	<0.005

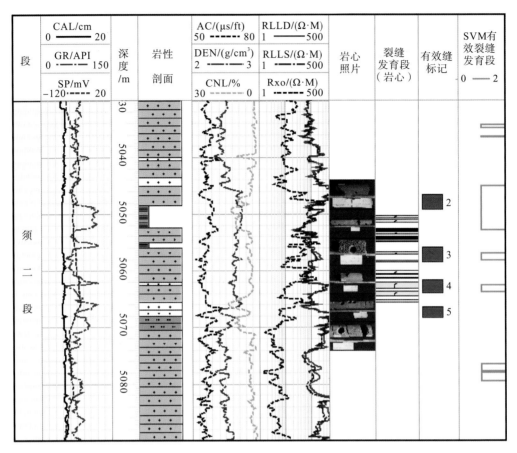

图 3-58　CX565 井径向基核函数 SVM 识别模型(三参数)有效裂缝识别剖面

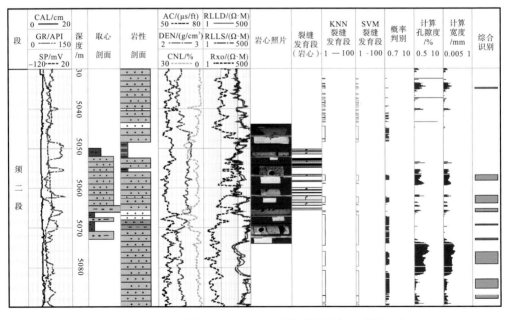

图 3-59　CX565 井(5030~5090m)有效裂缝综合识别剖面图

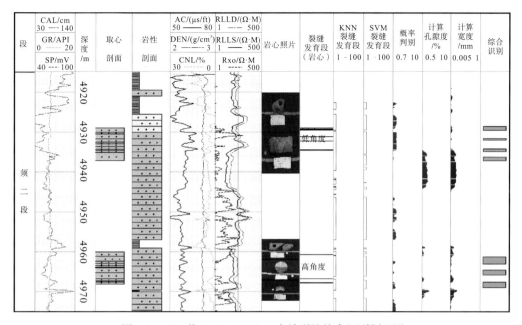

图 3-60　X5 井(4915~4975m)有效裂缝综合识别剖面图

第四章 裂缝的期次划分

沉积盆地中裂缝形成期次的确定，对裂缝发育与油气产出之间关系的评价十分重要。诸多裂缝型储层中的裂缝，当其形成期次较早时，在漫长的地质历史时间中可能因地层水中矿物质的结晶析出而使其充填造成对现今油气产出贡献较小；形成较晚的裂缝充填程度可能较低，相应的裂缝有效性一般较高。因此研究裂缝的形成期次对于裂缝型油气藏的勘探与开发以及多成因多期次裂缝系统的评价非常重要。本章主要介绍怎样通过野外露头、岩心资料、岩石内石英自旋共振测年、岩石声发射以及裂缝充填物的同位素、包裹体、微量元素等分析来确定裂缝的形成期次及时间。

第一节 野外露头与钻井岩心分期配套技术

分期配套技术是研究裂缝形成期次和配套关系的一种较为成熟的方法，所谓分期就是区分不同形成期次裂缝的形成时间，划分形成的先后次序。分期技术可以将特定地区不同时期形成的裂缝加以区分，而配套技术是将在一定构造期统一应力场作用下形成的各组裂缝进行组合，形成裂缝的发育系列及其与力学环境的配套性。

一、野外露头裂缝分期配套技术

1. 野外露头裂缝分期技术

现今野外露头所见到的大量裂缝往往不是一个时期形成的，其可能是不同时期地壳运动的综合产物，也可能是同一时期地壳运动中不同阶段构造应力作用的产物。裂缝的分期技术旨在区分出裂缝形成的期次（秌生华等，2004）。其主要依据裂缝组系的互相切割关系，以及利用裂缝与各期次相关地质体及结构之间的关系来开展研究和分析。

1）依据裂缝网络的交切关系进行分期

裂缝的互相切割关系主要有以下 4 种：①错开关系，裂缝组有对应的错开点，晚期裂缝切断早期裂缝并使其错开，被错者为早期形成的裂缝（如图 4-1）；②限制关系，裂缝组无对应的错开点，晚期裂缝的发育受限于早期裂缝，被限者为晚期形成的裂缝（如图 4-2）；③互切关系，两组裂缝在相交时呈现互相切断并彼此被错开，最为典型的是同时期形成的共轭剪切裂缝（如图 4-3）；④追踪和改造关系，被追踪和改造的裂缝形成时期早于追踪和改造形成的裂缝（如图 4-4、图 4-5）（张达尊和杜文健，1987）。

且：

$$f^e = -\int_{v^e} N^T b d(vol) - \int_{v^e} B^T D\varepsilon_0 d(vol) + \int_{v^e} B^T \sigma_0 d(vol) \tag{6-29}$$

式(6-29)中的三项分别为物体力、初期应变和初期应力的表现形式。任意的构造单元特性均可用式(6-30)表示，本式是典型的示范例子。

$$q^l = K^l a^l + f_p^l + f_{\varepsilon_0}^l \tag{6-30}$$

⑤全区域的标准化。

至此，我们已阐明了假想功的原理仅对一个单元适用以及等价节点力的概念。在有限元法中，可通过建立每个单元节点的局部方程式导出分析区域内有限个节点的平衡方程式。因而，任意节点上的内力及外力可通过与该节点相连的所有单元在该节点上的内力及外力的总和计算出来。

$$Ka + f = r \tag{6-31}$$

另外，可将单元相互间的分布作用力、反作用力用等价节点进行置换，这一方法对现场技术人员来说很容易理解。

2)地质模拟与力学模型的构建

(1)地质模型的建立。安棚深层系核三下段是安棚深层系的主要含油气层位，这里主要针对含油气层系构建三维数值模型。建模过程基于的主要资料为工区目的层构造图、钻井资料等，具体针对核三下段 3 个油组(即 H3Ⅶ～Ⅸ油组)划分为 26 个地层，纵向上按照Ⅶ-1～Ⅶ-14、Ⅷ-1～Ⅷ-6、Ⅸ-13～Ⅸ-17 共计 26 个小层划分为 26 个网格，平面上按 50m 步长划分为 2025(45×45)个网格，共计 52650 个网格单元体，57132 个节点；建模区域为 X(19698000～19702500)、Y(3603500～3608000)；模型水平面投影面积为 2.5×1.5km²，最终使用 ANSYS 完成该地质模型的建立(如图 6-6)。

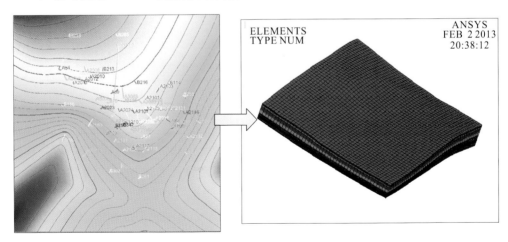

图 6-6　喜山早期、喜山晚期模型地质模型

(2)地质力学模型建立。地质力学模型主要包括对模拟计算所基于的弹性本构模型中所涉及的弹性模量、泊松比、黏聚力、内摩擦角以及岩体抗拉强度等参数进行建模，确定各参数的空间分布。这里主要基于研究区目的层的主要岩性(即砂质泥岩、泥质砂岩、细砂岩、含油细砂岩和砂砾岩)通过岩石力学实验获得对应参数(见表 6-1)，然后依据各

小层的沉积微相图进行插值获得对应的岩石力学参数(如图 6-7),建立的主要岩石力学属性模型如图 6-8~图 6-11 所示。

表 6-1　安棚深层系核桃园组主要岩性力学参数表

	岩性	砂质泥岩	泥质砂岩	细砂岩	含油细砂岩	砂砾岩
	岩石密度/(g/cm³)	2.41	2.59	2.64	2.62	2.54
	抗张强度/MPa	6.33	6.89	9.8	9.48	7.59
单轴岩石力学实验	抗压强度/MPa	43.76	58.98	80.97	97.84	61.71
	弹性模量/10³MPa	3.44	11.92	13.00	21.10	19.20
	泊松比	0.134	0.08	0.104	0.174	0.16
三轴岩石力学实验	10MPa围压 轴向破坏应力/MPa	99.29	119.0	140.0	162.0	142.0
	弹性模量/10³MPa	16.48	22.41	28.0	32.0	42.0
	泊松比	0.21	0.142	0.13	0.14	0.16
	30MPa围压 轴向破坏应力/MPa	153.8	158.0	220.69	242.0	199
	弹性模量/10³MPa	31.0	31.64	30.0	41.0	31.4
	泊松比	0.26	0.212	0.17	0.23	0.191
	50MPa围压 轴向破坏应力/MPa	208.0	249.33	306.0	282.0	271.0
	弹性模量/10³MPa	39.75	30.0	41.41	41.0	43.2
	泊松比	0.26	0.2	0.2	0.25	0.23
	70MPa围压 轴向破坏应力/MPa	232.32	297.76	350.0	392.0	350.0
	弹性模量/10³MPa	32.91	33.47	41.48	49.0	50.0
	泊松比	0.25	0.25	0.252	0.22	0.26
	内聚力/MPa	19.86	18.65	22.90	27.93	20.53
	内摩擦角/(°)	26.48	32.74	37.22	36.23	36.86

　　(3)力学边界条件设置。根据研究区构造应力场演化分析和震源机制解资料(如图 6-12),喜马拉雅早期和晚期两期构造应力场在研究区的最大水平主应力方向均近似为 NE55°。因此模型的最大主应力加载方向为 NE55°方向,水平最小主应力加载方向与之垂直,垂向为上覆岩石重力。在进行加载设置时,为了消除模拟过程中的边界效应,在研究区周围加载边框,主应力的加载通过在边框 NE 边界加载水平最大主应力,NW 边界加载水平最小主应力,另外两个边界为受限边界(如图 6-13~图 6-15)。起始加载力大小采用所测岩石声发射实验确定的主应力值进行加载,并通过不断改变加载拟合,使得与各井点岩石声发射测试获得主应力值拟合达到最佳拟合效果(见表 6-2),从而获得两期主应力模拟结果。

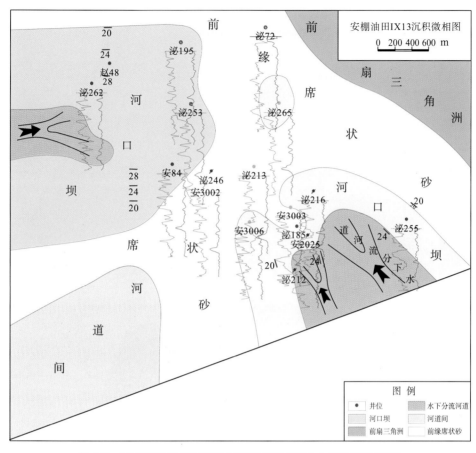

图 6-7　安棚深层系核三下段沉积微相图（Ⅸ 13 小层沉积微相图）

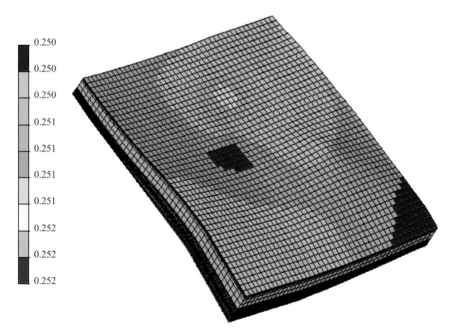

图 6-8　安棚深层系核桃园组泊松比属性模型

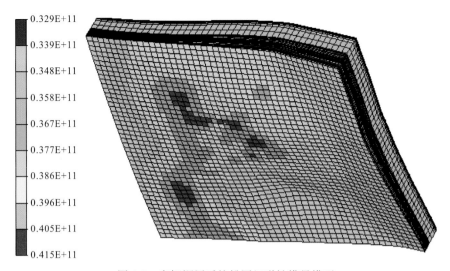

图 6-9　安棚深层系核桃园组弹性模量模型

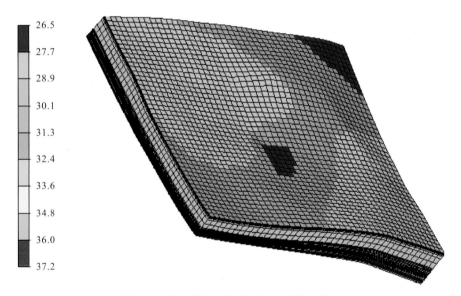

图 6-10　安棚深层系核桃园组内摩擦角模型

表 6-2　古应力场模拟与岩石声发射实验拟合情况

模拟期	井号	X 坐标	Y 坐标	Z 坐标	声发射测定最大应力	数值模拟最大应力	误差率
中新世末期	A84	19699559	3606577.1	−2918.69	81.8	79.5	−2.80%
	A2012	19698991	3606870.3	−2931.42	79	79.3	0.40%
	A2020	19700754	3606197.2	−2926.88	77.9	77.9	0
新近纪末期	A84	19699559	3606577.1	−2918.69	67.5	69.4	2.80%
	A2012	19698991	3606870.3	−2931.42	68.3	69.2	1.30%
	A2020	19700754	3606197.2	−2926.88	69.5	69.5	0

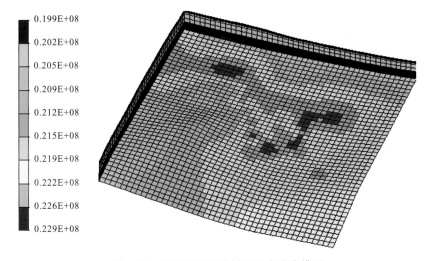

图 6-11　安棚深层系核桃园组内聚力模型

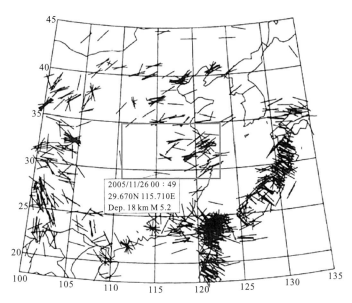

图 6-12　桐柏－大别震源机制解

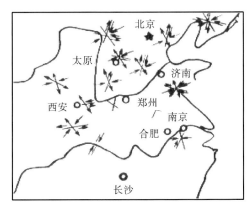

图 6-13　地表剪节理力学分析结果

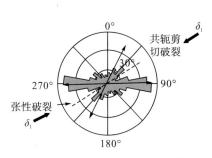

图 6-14　成像测井裂缝组系分析结果

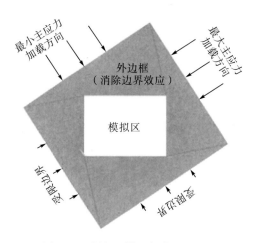

图 6-15 研究区模型加载边界设置

3）模拟结果与评价

在上述计算模型建立的基础上，利用 Flac3D 有限差分模拟软件对模型进行模拟和分析。部分模拟结果见图 6-16～图 6-21，图中张性应力为正，压性应力为负。从模拟结果可以看出，喜马拉雅早期安棚深层系最大主应力为 53.8～89.7MPa；最小主应力为 22.5～36.4MPa；最大剪应力的分布范围为 31.6～59.6MPa。构造古应力受地层岩性分布不均及构造幅度的影响，最大主应力及最大剪应力表现为东北部高，南部、西南部相对较低的特点；最小主应力作用方向在研究区的不同部位有所不同，中部区域最小主应力较大；由各层的最大主应力分布可以看出数值模拟得到的应力分布表现为构造高部位相对底部位更大，垂向上随着深度的增加，最大主应力和最小主应力逐渐减小。

4. 区域构造裂缝和分布预测

本次研究根据区域古应力场模拟，结合岩石强度理论，对研究区平面上各油组岩石

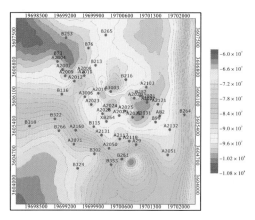

图 6-16 中新世末Ⅶ-7 层模拟
最大主应力分布图

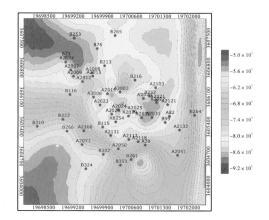

图 6-17 新近纪末Ⅶ-7 层模拟
最大主应力分布图

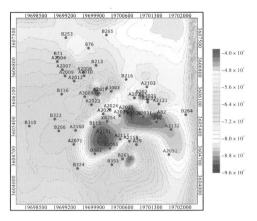

图 6-18　中新世末Ⅶ-6 层模拟
最大主应力分布图

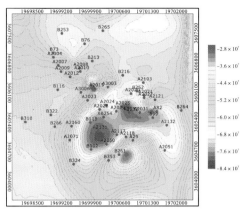

图 6-19　新近纪末Ⅶ-6 层模拟
最大主应力分布图

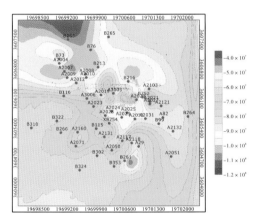

图 6-20　中新世末Ⅶ-3 层模拟
最大主应力分布图

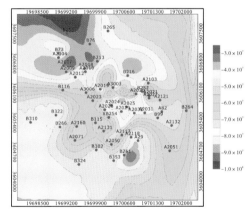

图 6-21　新近纪末Ⅶ-3 层模拟
最大主应力分布图

受力破裂程度进行描述，岩石破裂系数基本上可以反映岩石受力破裂的相对趋势，但与井剖面裂缝发育程度有一定偏离。通过对各期各油组模拟计算结果的对比，可以看出新近纪末期的岩石受力破裂程度普遍大于中新世末期。岩石受力破裂程度与岩性密切相关，研究区西南部砂岩相对不发育的部位，岩石受力破裂程度较低，而泥岩相对发育的区域如研究区西北、东北和中部岩石受力破裂程度较高（如图 6-22、图 6-23）。通过裂缝发育密度与岩石破裂系数之间的相关性分析来看，新近纪末期和中新世末期岩石受力破裂程度与研究区裂缝发育指数具有较好的相关性（如图 6-24、图 6-25）；因此将各分期岩石破裂系数与裂缝发育密度进行多元回归拟合，可建立裂缝发育密度解释模型（式 6-32）。

$$F_D = 2.19 \times \eta_1 + 1.6434 \times \eta_2 - 2.143(R = 0.8633) \qquad (6-32)$$

式中：F_D—裂缝发育密度；

　　　η_1—中新世末期岩石破裂系数；

　　　η_2—新近纪末期岩石破裂系数。

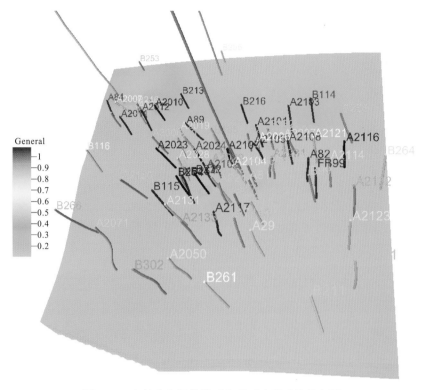

图 6-22　中新世末期模拟区内岩石破裂系数分布图

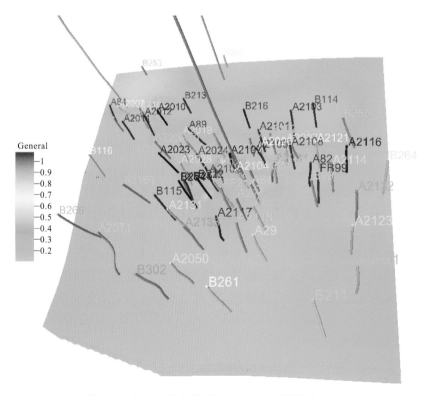

图 6-23　新近纪末期模拟区内岩石破裂系数分布图

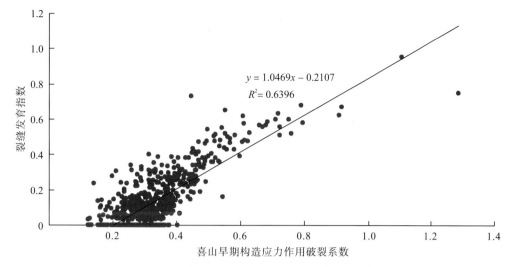

图 6-24　裂缝发育指数与喜山早期构造应力作用破裂系数关系

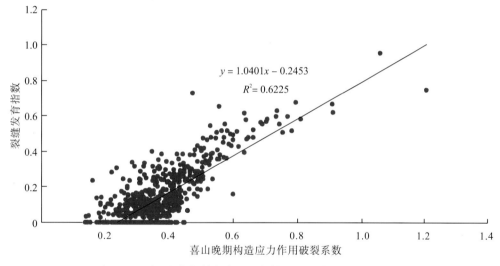

图 6-25　裂缝发育指数与喜山晚期构造应力作用破裂系数关系

　　基于上述模型和中新世末期、新近纪末期两期岩石破裂系数模拟结果，完成了裂缝的分布预测，从预测结果来看，研究区西南部裂缝发育程度较低，而西北部、北部、中部、东南部和东部是裂缝的主要发育区，裂缝密度与砂体发育程度关系密切，而与构造部位关系相对较弱(如图 6-26)。

　　5. 预测结果的评价

　　将各油层组的裂缝预测结果以及裂缝发育密度平均值与单井井剖面裂缝解释结果、岩心裂缝描述统计结果进行对比和评价，从对比来看，裂缝分布预测结果与实际钻井描述统计和解释结果能很好地吻合(如图 6-27)，从而说明了裂缝模拟预测和解释结果的合理性和可靠性。

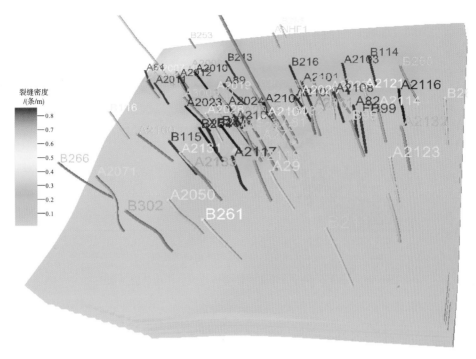

图 6-26　研究区裂缝发育密度分布图

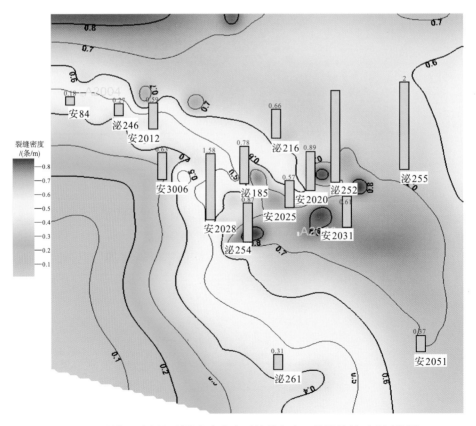

图 6-27　研究区全层段裂缝发育密度平均值与岩心统计结果对比评价图

二、构造变形裂缝的分布预测

1. 主曲率法裂缝预测

1）基本原理

当岩石受构造应力挤压时，会沿某一方向发生弯曲（初始情况是无弯曲的岩层），中性面以上部位承受拉张应力而形成张裂缝。中性面以下则承受挤压力，不能形成张裂缝。

曲率法是根据岩层发生形变与曲率的关系来预测张裂缝的分布，一般曲率越大，张应力也应越大，张裂缝也越发育，曲率值可间接反映张性裂缝的多少（相对值）。

构造层面的曲率值反映岩层弯曲程度的大小，因此岩层弯曲面的曲率值分布，可以用于评价因构造弯曲作用而产生的纵张裂缝的发育情况，计算岩层弯曲的方法很多，本次研究采用主曲率法。首先对构造图进行网格化，对构造面顶界进行构造趋势面拟合，当拟合度达到时，求得如下趋势面方程：

$$f(x,y) = Ax^3 + By^3 + Cx^2 y + Dxy^2 + Exy + Fx^2 + Gy^2 + Hx + Iy + J$$

$$(6\text{-}33)$$

式中：x，y—大地坐标，m；

　A，B，C，D，E，F，G，H，I，J—趋势面方程拟合系数。

由上述构造面趋势方程按下述方法计算主曲率值。

$$\frac{1}{R_{1,2}} = \left(\frac{1}{r_x} + \frac{1}{r_y}\right) \pm \sqrt{\frac{1}{4}\left(\frac{1}{r_x} - \frac{1}{r_y}\right)^2 + \frac{1}{r_{xy}}} \qquad (6\text{-}34)$$

其中：$\dfrac{1}{r_x} = \dfrac{\partial^2 f(x,y)}{\partial x^2}$，$\dfrac{1}{r_y} = \dfrac{\partial^2 f(x,y)}{\partial y^2}$，$\dfrac{1}{r_{xy}} = \dfrac{\partial^2 f(x,y)}{\partial x\,\partial y}$

根据计算结果，将平面上某点处的最大主曲率值进行作图，得到曲率分布图，进行裂缝分布评价。一般来讲如果地层因受力变形越严重，其破裂程度可能越大，曲率值也应越大。

基于地层厚度、岩石弹性模量，按照式（6-35）可以计算出临界曲率，并通过对比所计算的主曲率来确定岩石变形破裂形成裂缝的程度。

$$\sigma_t = E_t \cdot H\, \frac{\dfrac{\mathrm{d}^2 z}{\mathrm{d}x^2}}{1 + H\dfrac{\mathrm{d}^2 z}{\mathrm{d}x^2}} \qquad (6\text{-}35)$$

式中：E_t—岩石弹性模量，$\times 10^4$ MPa；

　H—岩层厚度，m。

2）实例应用

下面以鄂尔多斯盆地西缘麻黄山西区侏罗系延安组延 9 油层组和三叠系延长组长 6 油层组为例说明主曲率法的应用。两个层系主曲率法的计算以延 9 油层组和长 6 油层组构造为基础进行计算。

计算结果表明，延 9 油层组构造主曲率高值主要分布在构造高点，并且绝大多数在大断裂的西部构造高点，而东部构造比较平缓，整体曲率值较小，仅在北面几个构造高点曲率值相对较高，如西部的 ND10、ND15、ND12 和 ND105 井附近曲率值较高，裂缝应该相对发育，这些区域井剖面裂缝解释结果也是裂缝相对较发育的地区；而在 ND1、ND2、ND17 井附近曲率值较低，井剖面解释结果也认为是裂缝欠发育区（如图 6-28）；因此借助延 9 油层组的主曲率分布研究能够判断出裂缝的相对发育区。

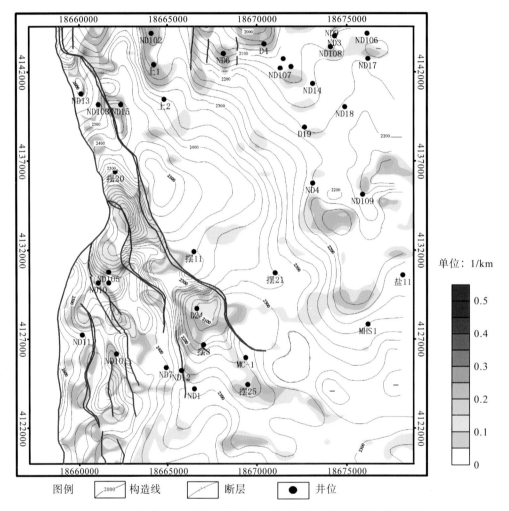

图 6-28　麻黄山西区侏罗系延安组延 9 油层组构造主曲率分布图

同样从长 6 油层组构造主曲率分布来看，主曲率高值主要分布在沿断裂分布的构造高点及轴部，如 ND6 井处于构造轴部，曲率值较高，ND2 井处于构造高点，曲率值也较高，这些结果与井剖面解释结果具有较好的对应性（如图 6-29）。

2. 屈曲薄板法裂缝预测

1）基本原理

曾锦光等（1982）提出了岩层变形的屈曲薄板的古应力模拟方法。即将岩层厚度（h）相对于其平面延伸情况对比十分小（$h \ll L$ 和 A），可将其变形看作屈曲薄板变形。该方法运用的前提是：①岩石变形前为水平状态，变形后为目前形态，不考虑中间过程；②岩石变形是受侧向应力(拉张、挤压或剪切)作用而形成，忽略垂直受力变形。

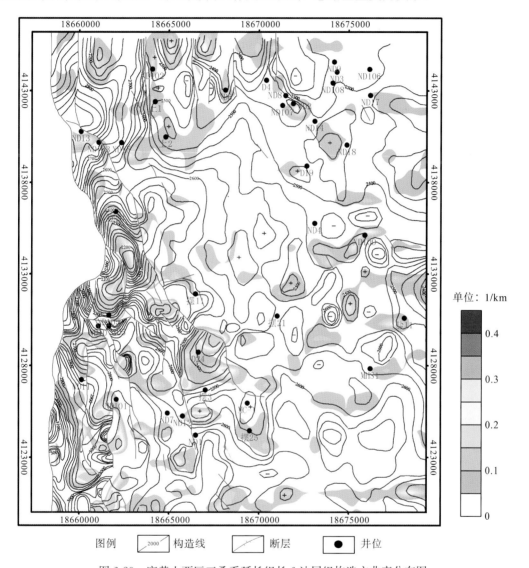

图 6-29　麻黄山西区三叠系延长组长 6 油层组构造主曲率分布图

(1)简单褶皱的力学模型。

岩层在水平力作用下发生弯曲和扭曲而形成褶皱，相当于一块弹性薄板受到沿其平面的侧向力作用而发生屈曲；除侧向受力外，薄板还同时受到基础的弹性反力的作用，其褶皱的力学模式应该是一块在水平力和垂直弹性反力共同作用下处于弯曲平衡的薄板(如图 6-30)。

按图 6-30c 的坐标系，板的中面取为 x-y 平面，当板发生挠曲后，其挠度 $W(x,y)$ 应满足如下挠曲微分方程：

$$D \nabla^4 W - (N_x \frac{\partial^2 W}{\partial x^2} + 2N_{xy} \frac{\partial^2 W}{\partial x \partial y} + N_y \frac{\partial^2 W}{\partial y^2}) + KW = 0 \qquad (6\text{-}36)$$

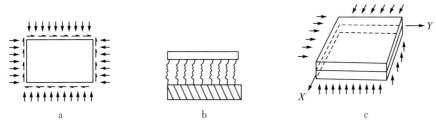

图 6-30　简单褶皱的力学模式

式中：∇—双调和算子，$\nabla^4 = \dfrac{\partial^4}{\partial x^4} + 2\dfrac{\partial^4}{\partial x^2 \partial y^2} + \dfrac{\partial^4}{\partial y^4}$；

N_x，N_y，N_{xy}—薄板中间内力的三个分量，表示薄板每单位宽度上中面应力的合力，如果以 σ_x、σ_y、τ_{xy} 表示中面应力，t 为板的厚度，则有 $N_x = t \cdot \sigma_x$、$N_y = t \cdot \sigma_y$、$N_{xy} = t \cdot \tau_{xy}$；

KW—上、下约束地层对褶皱层的弹性反力，其中 K 是常量，称为约束层的弹性阻抗，可以用 M. Biot 公式根据上、下约束层岩石的弹性参数和褶皱的尺寸加以估算；

D—板的抗弯刚度。

上式中板的抗弯刚度可按照下面公式计算。

$$D = Et^3/12(1-\mu^2) \tag{6-37}$$

式中：E、μ—分别代表板的弹性模量和泊松比。

（2）复合构造的模拟方程。

经历多次地质运动形成的复合构造，其力学模型可看成具有初始挠度的薄板再次产生挠曲的问题。设薄板具有初始挠度 $W_0(x, y)$（相当于第一次形成的构造高程值在水平力作用下产生附加的挠度）、$W_1(x, y)$（相当于第二次形成的构造高程值），则产生挠曲的方程为

$$D\nabla^4 W_1 - \left[N_x \frac{\partial^2(W_1 + W_0)}{\partial x^2} + 2N_{xy}\frac{\partial^2(W_1 + W_0)}{\partial x \partial y} + N_y \frac{\partial^2(W_1 + W_0)}{\partial y^2} \right) + KW_1 = 0$$

$$\tag{6-38}$$

本方法采用的途径是根据现今已知的构造形变场（构造图），反演计算构造形成时期的古应力场，从而确定出构造变形裂缝的理论分布规律。反演时则采用上述方程反复计算得到变形挠度（按单元计算），并将其与构造图上同单元挠度对比，二者拟合最佳时，则变形应力场认为与实际岩层变形应力场最为相近，从而得到岩层变形应力场分布。

（3）构造裂缝的理论分析。

首先进行平面规则网格节点上弹性参数杨氏模量、泊松比的拟合。对于均质体，网格节点上杨氏模量 E 和泊松比 μ 均为常数；而对于非均质体，设根据岩心测试或通过其他手段以获取 N 个分布不均的已知的杨氏模量 E_j、泊松比 μ_j 及厚度 t_j（$j=1, 2, \cdots, N$）以及相对应的相对坐标 (x_i, y_i)，然后利用 Shepard 分距离加权法将已知参数网格化，求得如下平面规则网格节点的弹性曲率：

$$\frac{1}{r_x} = \frac{\dfrac{\mathrm{d}^2\omega}{\mathrm{d}x^2}}{\left[1 + \left(\dfrac{\mathrm{d}\omega}{\mathrm{d}x}\right)^2 \right]^{\frac{3}{2}}} \tag{6-39}$$

利用趋势分析求得网格节点上的二阶偏导数 r_x、r_{xy}、r_y 之后，根据平面网格节点相应的二阶偏导数，按照下面的公式求出平面网格节点上的应力分布及方向。

$$\sigma_{xx}(A,B) = \frac{Et}{2(1-\mu^2)}\left(\frac{1}{r_x}+\frac{1}{r_y}\mu\right)$$

$$\sigma_{yy}(A,B) = \frac{Et}{2(1-\mu^2)}\left(\frac{1}{r_y}+\frac{1}{r_x}\mu\right)$$

$$\sigma_{xy}(A,B) = \frac{Et}{2(1+\mu)}\frac{1}{r_{xy}} \qquad (6\text{-}40)$$

式中：E—点$(A，B)$的杨氏模量；

　　　t—地层厚度；

　　　M—点$(A，B)$的泊松比；

　　　r_x、r_{xy}、r_y—最佳二次趋势面上点$(A，B)$的二阶偏导数值。

由此可求出点$(A，B)$上的最大主应力、最小主应力及剪切应力如下：

$$\sigma_{\max} = \frac{1}{2}(\sigma_{xx}+\sigma_{yy})+\sqrt{\frac{1}{4}(\sigma_{xx}-\sigma_{yy})^2+\sigma_{xy}{}^2}$$

$$\sigma_{\min} = \frac{1}{2}(\sigma_{xx}+\sigma_{yy})-\sqrt{\frac{1}{4}(\sigma_{xx}-\sigma_{yy})^2+\sigma_{xy}{}^2}$$

$$\tau = \frac{1}{2}(\sigma_{\max}-\sigma_{\min}) \qquad (6\text{-}41)$$

最大主应力所对应的最大主方向如下：

$$\sigma_1 = \sigma_2 - \frac{\pi}{2} = \arctan\frac{\sigma_{\max}-\sigma_{xx}}{\sigma_{xy}} \qquad (6\text{-}42)$$

以构造图作为已知的基础资料，应用以上两种力学模型，通过上面公式可以求出构造上任一点的最大主应力 σ_1、最小主应力 σ_2 以及最大剪应力 $\tau_{\max}$ 等，同时也能求出各应力的方向，并将模拟计算结果编制相应的图件来开展裂缝分布的预测和评价工作。

基于上述应力场分布与裂缝分布的分析可按照三个方面展开：①最大主应力的正值区$(\sigma_1>0)$是拉应力区，有可能产生张性破裂，因此 σ_1 的高值区就反映了理论上可能产生张性裂缝发育带，而张性裂缝的延伸方向应该和拉应力 σ_1 相垂直，即平行于 σ_2 的方向，因此根据 σ_2 的方向，可判明张性缝的走向；②如果存在最小主应力 σ_2 的正值区$(\sigma_2>0)$，则也可能产生张性裂缝，此类张性缝应和 σ_1 产生的张性缝相垂直，其延伸方向为最大主应力 σ_1 的方向；③在通常情况下，σ_1 是拉应力$(\sigma_1>0)$，σ_2 是压应力$(\sigma_2<0)$，此时最大剪应力 $\tau_{\max}$ 可能达到岩石的抗剪强度，因而产生剪切破裂。

以上分析没有考虑上覆地层的重力对构造产生的压力作用，而由上覆地层重力而产生的应力状态，称为标准状态，可通过下面的计算公式进行计算。

$$\begin{cases} \sigma_x^0 = -\rho g Z \\ \sigma_x^0 = \sigma_g^0 = \sigma_Z^0\left(\dfrac{\mu}{1-\mu}\right) \end{cases} \qquad (6\text{-}42)$$

式中：ρ—上覆物体的密度，kg/m^3；

　　　g—重力加速度，kg/N；

　　　Z—构造的埋藏深度，m。

按照上式可以计算上覆地层的压力，再将其叠加在原有的应力场上形成叠加后的主应力为

$$\begin{cases} \sigma_1' = \sigma_1 + P \\ \sigma_2' = \sigma_2 + P \\ \sigma_3' = \sigma_3 + P \end{cases} \tag{6-43}$$

式中：σ_1、σ_2、σ_3——未考虑上覆地层压力作用时的主应力，MPa；

　　　　P——标准状态上覆地层重力，MPa；

　　　　σ_1'、σ_2'、σ_3'——考虑垂直应力后的主应力。

2）实例应用

以鄂尔多斯盆地西缘麻黄山西区侏罗系延安组延 9 油层组和三叠系延长组长 6 油层组为例说明屈曲薄板法裂缝预测的应用。

按照上述方法和原理模拟计算获得侏罗系延安组延 9 油层组和三叠系延长组长 6 油层组最大主应力如图 6-31、图 6-32 所示。最大主应力模拟结果表明研究区内延安组地层

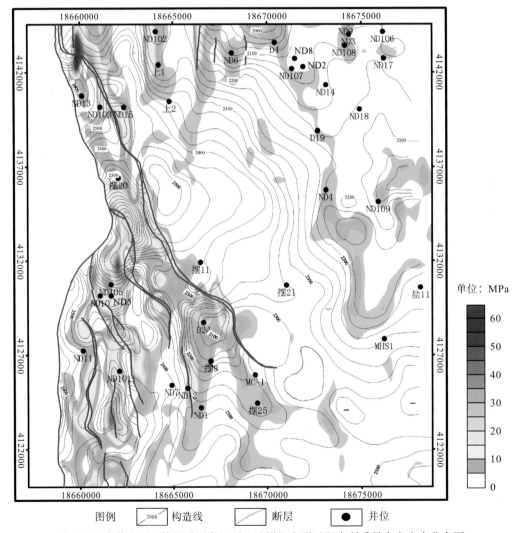

图 6-31　麻黄山西区侏罗系延安组延 9 油层组变形过程中所受最大主应力分布图

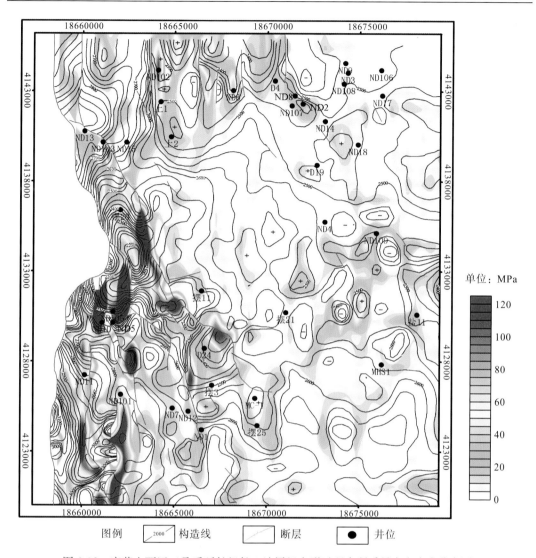

图 6-32　麻黄山西区三叠系延长组长 6 油层组变形过程中所受最大主应力分布图

东部所受最大主应力较小，只在北面几个断裂处和东面高构造上表现出主应力较大，最大主应力可超过 5MPa；而在研究区西部整体表现为较大的主应力，特别是在断裂带附近和一些构造轴部，主应力值特别大，由岩石声发射的结果可以得知研究区岩石破裂应力分布在 4.2~20.6MPa，也就是主应力在 4.2MPa 左右便可以产生第一期裂缝，当然在更大的主应力背景下产生了后续的第二期裂缝、第三期裂缝，而较小的主应力同样可以使先期形成的微裂缝进一步扩展，于是认为主应力在 4.2MPa 以上理论上就应该有裂缝开始发育（如图 6-31）。基于此可以认为在研究区西部裂缝相对比较发育，而且主要分布在靠近断层和构造高点及轴部区域，如 ND102、ND15、ND10、ND103 等井附近裂缝较发育，这些井点在岩心观察和测井解释结果也表现出裂缝异常发育，可见屈曲薄板法在一定程度上可以反映构造变形成因裂缝的发育情况。

　　同样从延长组长 6 油层组模拟计算获得最大主应力分布来看，总体情况与延安组相似，只是在研究区东部主应力值大的区域相对更大，这与长 6 油层组底构造在东部比延 9

油层组埋藏更深有关；而且 ND102、ND5、ND4、ND6 等井长 6 油层组裂缝解释为裂缝发育井，均落在主应力分布图上的高值区（如图 6-32）。

综合以上结果分析可以看出，屈曲薄板应力模拟方法计算出的最大主应力分布与研究区的实际构造情况相符，研究区的东部构造平缓，仅在北面发育几条较小的断层，总体上只有在北面断层附近和东面构造高部位出现最大主应力高值，而对于西面的地区，由于处于推覆带前缘，挤压应力相对较大，构造变形较明显，造成大断层发育，并且伴随着地层的变形，产生的最大主应力较大，裂缝发育程度应更大；另外最大主应力高值区总体上是沿着断层附近分布，与受到盆地西南缘呈 NE-SW 向挤压应力作用而产生的呈 NE-SW 向分布的最大主应力高值区相吻合。

3. 构造滤波预法裂缝预测

1）基本原理

构造滤波分析是一种将不同期次或同一期次不同方向变形特征，从目前的变形叠加特征中分离出来的统计数学方法。构造平面滤波是建立在傅氏变换及一维滤波的基础上的，其公式较多且推导繁杂，这里直接给出计算公式。

根据傅里叶理论，空间上满足一定条件的有限函数可以由具有一定频率的幅度、相位以及方向的正弦面的和来表示（构造面则也具有此性质），其中幅度的大小决定起伏面的大小，相位确定对应的位置，因此在空间中各点表示如下：

$$f(x,y) = \frac{1}{4\prod^2} \sum_{w=0}^{a-1} \sum_{k=0}^{b-1} F(w,k) e^{i(wx+ky)/ab} \tag{6-44}$$

相应的傅里叶变换如下：

$$F(w,k) = \sum_{x=0}^{a-1} \sum_{y=0}^{b-1} f(x,y) e^{-i(wx+ky)/ab} \tag{6-45}$$

式中：x、y—直角坐标系中两个方向的自变量；

      w、k—相应的空间频率。

与一维情况相似，任一符合假定条件的平面图都可用频率域形式或距离域形式表示，其二维的褶积公式可表示如下：

$$O(x,y) = \sum_{\tau=0}^{a-1} \sum_{\lambda=0}^{b-1} I(x-\tau, y-\lambda) W(\tau,\lambda) \tag{6-46}$$

式中：$O(x, y)$—输出结果；

      $I(x-\tau, y-\lambda)$—输入数据；

      $W(\tau, \lambda)$—滤波算子。

根据研究的目的和要求，确定所需的频率范围，并根据对方向性和相位的要求，求出滤波算子，如 $I(x, y)$ 已知，当 $W(\tau, \lambda)$ 求出后，则可以得到 $O(x, y)$。

二维滤波算子按频率可分为高通、中通、低通三种，此外观测值的空间分布具有方向性，因此按方向性算子又可分为定向和非定向两种；所谓定向滤波算子就是可以滤出指定方向的指定频率范围内的成分，而非定向滤波算子是保留所有方向的指定频率范围内的成分。

构造滤波则常用定向滤波算子,在进行计算之前首先将研究层段的构造图网格化,并按网络在计算区内赋予构造海拔数据;在计算中选择了四种滤波算子,即南北向滤波算子、东西向滤波算子、北东 45°向滤波算子和北西 45°向滤波算子,从而可得到四个方向上的变形特征。

如果将四个方向上经构造滤波得到的拟构造图中正向构造进行叠合,即得到构造滤波正向构造叠合图,可用于对裂缝分布的预测和评价。多构造组系叠合与构造裂缝发育之间的关系往往是构造变形形成的裂缝可能是多期或多组系的,多期或多组系构造裂缝的叠加地带一般形成发育程度比较高的裂缝网络。不同方向滤波构造的高点、轴线等部位,同样是主曲率大、受力强、裂缝发育、有利油气运移输导的主要部位。另外在现今构造图上不是高点、轴线的地方,通过定向滤波后,在滤波构造图上,可将早期存在,而被后期改造消失的高点、轴线显示出来,为钻探提供新的依据。

2)实例应用

下面仍以鄂尔多斯盆地西缘麻黄山西区侏罗系延安组延 9 油层组和三叠系延长组长 6 油层组为例说明构造滤波预法裂缝预测的应用。

按照上述原理及思路以侏罗系延安组延 9 油层组和三叠系延长组长 6 油层组构造图为基础开展构造滤波分析,分别根据南北向滤波算子、东西向滤波算子、北东 45°向滤波算子和北西 45°向滤波算子,从而得到四个方向上的可能变形情况。

从侏罗系延安组延 9 油层组构造四个方向的构造滤波分析可以看出,研究区延 9 油层组主要发育 E-W 向和 NW-SE 向构造,其次为 NE-SW 向构造,而 S-N 向构造只在研究区中间主断裂带附近存在;总的来说研究区在四个方向的构造滤波分析表明,西南部构造发育且构造作用较强,同时存在四个方向的构造;西北部构造较发育且构造作用最强,存在三个方向的构造;东部构造均不太发育,构造作用相对较弱。因此从构造滤波分析的角度来看研究区在西北和西南部裂缝相对较发育,东部裂缝相对欠发育,这与上文中构造曲率和最大主应力分析结果也基本吻合(如图 6-33~图 6-36)。

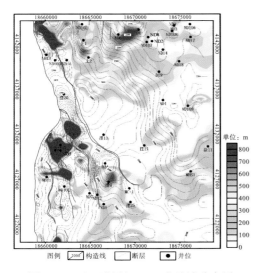

图 6-33 延 9 油层组 E-W 向滤波分布图

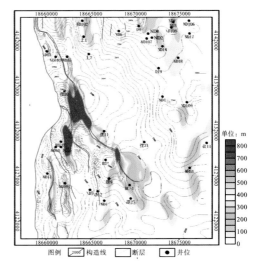

图 6-34 延 9 油层组 S-N 向滤波分布图

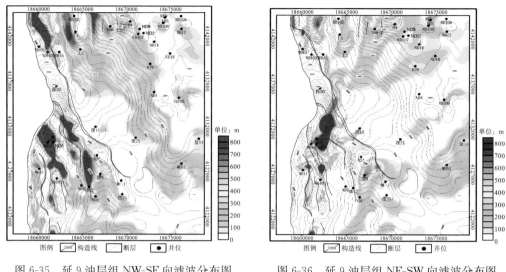

图 6-35　延 9 油层组 NW-SE 向滤波分布图　　　　图 6-36　延 9 油层组 NE-SW 向滤波分布图

为了较好地反映研究区整体构造相对变形情况，可把四个方向的构造滤波结果叠合，得到研究区构造滤波后的相对构造变形强度分布图（图 6-37）。从单井解释结果来看 ND6、

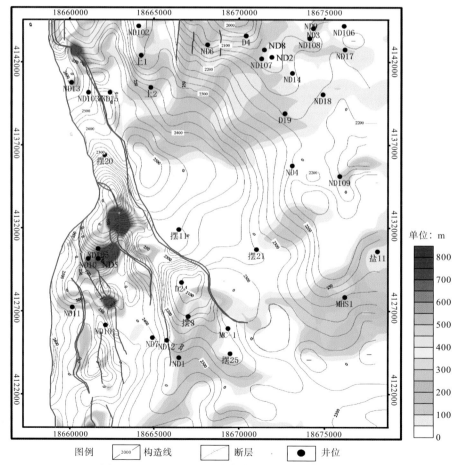

图 6-37　延 9 油层组四个方向构造滤波叠合分布图

ND5、ND10、ND105、ND11 等井都落在四个方向构造滤波叠合图的构造变形强度发育区，这些井井剖面裂缝的解释也都表现为裂缝相对发育。

同样的道理，也获得了延长组长 6 油层组滤波分布结果（如图 6-38～图 6-41），分析结果表明：研究区长 6 油层组主要发育 E-W 向和 NW-SE 向构造，其次为 NE-SW 向构造，而 S-N 向的构造相对较弱，分布范围也较小；构造变形程度相对延 9 油层组较弱。四个方向构造滤波的叠合结果与 ND6、ND5、ND10、ND105 等井井剖面裂缝解释结果也有较好的吻合性（如图 6-42）。

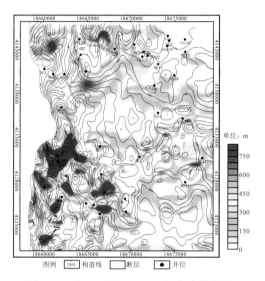

图 6-38　长 6 油层组 E-W 向滤波分布图

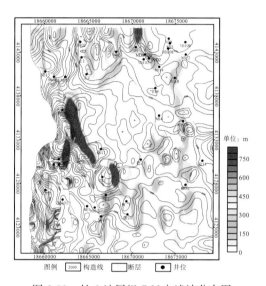

图 6-39　长 6 油层组 S-N 向滤波分布图

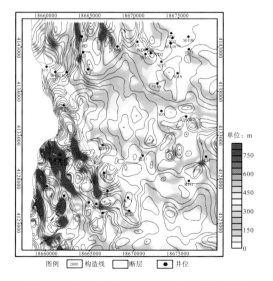

图 6-40　长 6 油层组 NW-SE 向滤波分布图

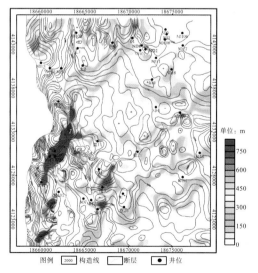

图 6-41　长 6 油层组 NE-SW 向滤波分布图

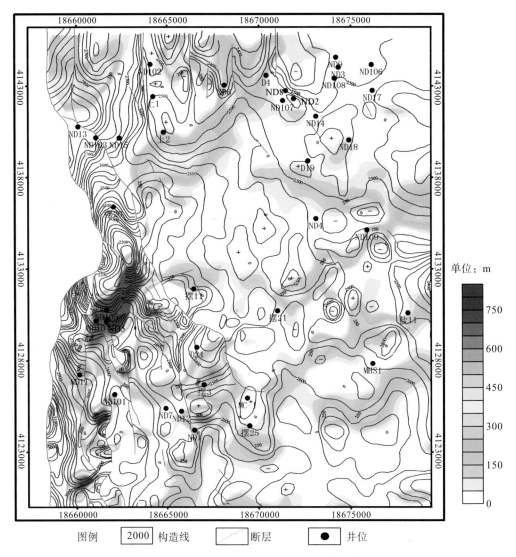

图 6-42　长 6 油层组四个方向滤波叠合分布图

4. 几种构造变形方法的综合运用

　　上述三种方法均是从构造变形成因分析的角度建立起来的构造变形成因裂缝分布预测方法，但由于各种方法对构造变形过程的分析和数据的处理不同，反映的构造变形的角度也有差异，因此对该类成因裂缝的预测也有差别。下面在鄂尔多斯盆地麻黄山西区中生界裂缝研究中，对上述几种方法的预测结果与井剖面统计分析结果进行了吻合性对比分析，表 6-3 为延安组单井井剖面裂缝统计分析结果与构造曲率法、屈曲薄板应力场模拟法和构造滤波法预测结果的对比。上述三种方法单独运用对裂缝预测结果与井点统计分析结果总体上吻合率偏低，分别为 55%、50%、65%。表 6-4 中统计的延长组裂缝预测结果的吻合性也总体偏低，单独运用上述三种方法完成的裂缝预测结果与井剖面统计分析结果的吻合率分别为 60%、47%、60%，误差较大。

表 6-3　延安组裂缝预测结果对比分析表

井名	测井解释	构造曲率法	最大主应力	构造滤波法	综合评价
ND1	较发育	不发育	较发育	较发育	较发育
ND2	不发育	不发育	不发育	不发育	不发育
ND3	较发育	较发育	较发育	较发育	较发育
ND4	不发育	不发育	较发育	不发育	不发育
ND5	发育	较发育	发育	发育	发育
ND6	较发育	较发育	较发育	较发育	发育
ND7	不发育	不发育	不发育	不发育	不发育
ND8	不发育	不发育	不发育	不发育	不发育
ND9	发育	较发育	较发育	较发育	发育
ND10	发育	较发育	发育	发育	发育
ND13	较发育	较发育	较发育	较发育	较发育
ND14	不发育	不发育	不发育	不发育	不发育
ND15	较发育	发育	发育	不发育	较发育
ND17	较发育	较发育	不发育	较发育	较发育
ND101	不发育	较发育	较发育	不发育	不发育
ND102	较发育	发育	发育	不发育	较发育
ND103	较发育	较发育	发育	不发育	较发育
ND105	发育	较发育	较发育	发育	发育
ND106	较发育	不发育	不发育	不发育	不发育
ND107	较发育	较发育	不发育	不发育	较发育
与井点吻合率		0.55	0.50	0.65	0.85

为了提高预测吻合率，需要充分利用三种方法的优势，下面考虑将上述三种方法进行综合，以提高裂缝分布评价的精度。为此采用组合评价方法，把构造曲率法、屈曲薄板法及构造滤波法预测结果综合起来考虑，将其无量纲归一化处理后按照各自给定相应的权因子进行线性组合形成裂缝综合评价因子。各方法权因子的给定按照各种方法现有吻合率的高低确定其权重，具体依据公式(6-47)确定各方法的权因子，计算结果分别见表 6-5、表 6-6。

$$构造曲率权因子 = \frac{构造曲率吻合率}{构造曲率吻合率 + 最大主应力吻合率 + 构造滤波吻合率} \quad (6-47)$$

表 6-4　延长组裂缝预测结果对比分析表

井名	测井解释	构造曲率法	最大主应力	构造滤波法	综合评价
ND1	较发育	不发育	较发育	较发育	较发育
ND2	不发育	较发育	较发育	不发育	不发育
ND3	较发育	不发育	较发育	不发育	较发育
ND4	不发育	不发育	不发育	不发育	不发育

井名	测井解释	构造曲率法	最大主应力	构造滤波法	综合评价
ND5	发育	不发育	较发育	发育	发育
ND6	较发育	较发育	发育	较发育	发育
ND7	较发育	较发育	较发育	不发育	较发育
ND10	发育	不发育	发育	发育	发育
ND14	不发育	不发育	不发育	不发育	不发育
ND15	小发育	不发育	不发育	不发育	较发育
ND17	较发育	较发育	不发育	不发育	较发育
ND101	较发育	较发育	较发育	较发育	较发育
ND102	较发育	较发育	发育	不发育	较发育
ND103	较发育	不发育	较发育	不发育	不发育
ND106	较发育	不发育	不发育	不发育	不发育
与井点吻合率		0.60	0.47	0.60	0.733

表 6-5　延安组裂缝综合评价参数权因子表

变量(x)	构造曲率(x_1)	最大主应力(x_2)	构造滤波值(x_4)
权因子(a)	$0.324(a_1)$	$0.294(a_2)$	$0.382(a_4)$

表 6-6　延长组裂缝综合评价参数权因子表

变量(x)	曲率值(x_1)	最大主应力(x_2)	构造滤波值(x_4)
权因子(a)	$0.359(a_1)$	$0.281(a_2)$	$0.360(a_4)$

确定权因子后按照公式(6-47)计算出各网格点的裂缝综合评价因子 F_a，按 F_a 大小编制研究区裂缝综合评价图(如图 6-43、图 6-44)，并且根据钻井裂缝发育情况对照评价图确定 F_a 的高值区($F_a > 0.5$)对应裂缝发育区域；F_a 的中值区($0.5 > F_a > 0.3$)对应裂缝较发育区域；F_a 的低值区($F_a < 0.3$)对应裂缝不发育区。

$$F_a = a_1 x_1 + a_2 x_2 + a_3 x_3 \tag{6-48}$$

式中：F_a—裂缝综合评价因子；

x_1—构造曲率取值；

a_1—构造曲率权因子；

x_2—最大主应力取值；

a_2—最大主应力权因子；

x_3—构造滤波取值；

a_3—构造滤波权因子。

按照公式(6-48)计算获得延安组裂缝综合评价因子的分布(如图 6-43)，按照裂缝综合评价因子划分裂缝发育程度的界线，蓝色区为裂缝发育区，浅绿色区为裂缝相对发育区，白色区为裂缝不发育区；按照综合预测结果，再与井剖面裂缝统计分析结果对比，吻合率达到了 85%（见表 6-3），可见通过上述对三种评价方法的线性组合，获得的评价结果远远优于单一预测方法。

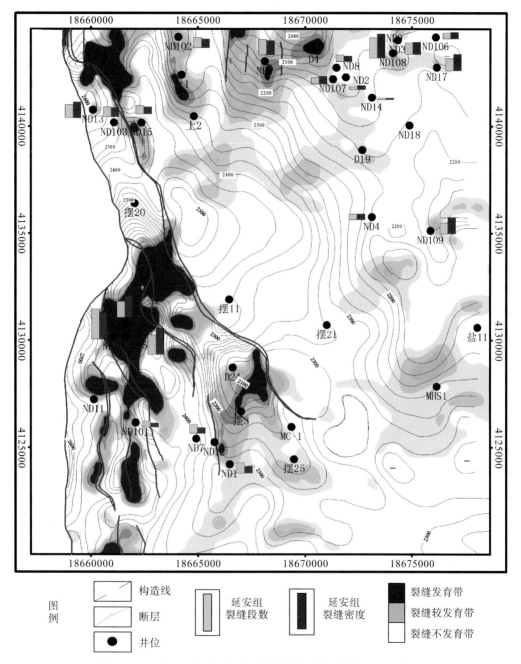

图 6-43　延安组裂缝综合预测与井点统计分析结果对比评价图

通过计算延长组的综合评价因子可以获得对应裂缝预测评价结果（如图 6-44），同样将裂缝发育程度划分为发育区、较发育区和不发育区。预测结果与井点吻合率达到73.3%，明显高于上述单一方法预测的吻合率（见表 6-4）。

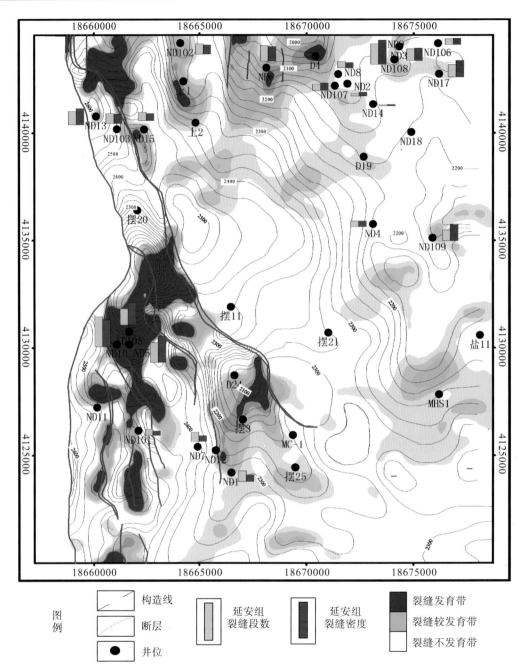

图 6-44　延长组裂缝综合预测与井点统计分析结果对比评价图

三、断层共（派）生裂缝的分布预测

1. 研究思路与方法

由于断层共（派）生裂缝发育密度主要受控于断层，因此断层的形态、产状、组合、发育规模以及断层附近不同部位等均对该类裂缝发育程度具有控制作用。若考虑众多因素建立起一个统一的多参数模型显然比较困难,因此需要对现实问题进行抽象,在问题解决精度范围内进行模型的简化,简化模型主要从两个方面入手:一是既然影响因素是复杂多变的,就通过针对研究区裂缝与断层各影响因素进行相关性分析,找出最为重要的影响因素,略去次要的控制因素;二是根据所抽取的主要控制因素对断层进行分类,然后对各类断层建立对裂缝密度控制的模型,以此来达到简化问题的目的。具体思路如图 6-45 所示,研究步骤如下。

(1)从研究区断层特征分析出发,寻找断层及其附近取心井、测井所建立的井剖面裂缝发育程度之间的关系,提出断层影响裂缝发育的主要控制因素与特征。

(2)根据提取出影响断层附近裂缝发育的主要断层特征和建立裂缝密度计算模型的需要,对断层进行分类,按照各类断层建立裂缝的预测模型。

(3)据断层的分类情况,利用各类断层附近取心井、测井裂缝识别结果,研究各类断层对裂缝的控制规律,建立各类断层共(派)生裂缝的密度计算模型。

(4)根据模型设计裂缝分布计算算法,并采用相应的编程工具加以实现,为研究区裂缝密度分布计算提供工具。

(5)根据裂缝密度的分布计算结果,结合钻井、岩心、录井、测井、生产动态等资料对预测结果展开评价。

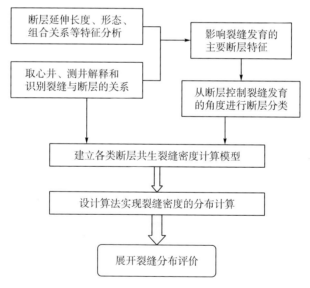

图 6-45　断层共(派)生裂缝密度预测评价思路图

2. 断层共(派)生裂缝的分布预测算法及软件设计

根据所建的裂缝分布预测模型,进行算法设计和程序编制求取空间上裂缝密度的分布,下面是有关算法设计的详细过程。

(1)与其他软件设计思路相似,首先需要对连续空间量进行离散化,这里通过网格化的思路将连续空间网格化成纵、横向的网格来实现离散化计算处理。

(2)对计算工区内的断层按照其空间位置在所建网格中进行网格化处理,获得断层的网格化数据。

（3）行数据的输入，这里包括输入网格化好的断层数据和基于所有断层建立的裂缝预测模型，并实现根据断层的规模选择相应的预测模型。

（4）对所有断层采用多项式方程进行拟合，形成每条断层的多项式曲线方程，这样的处理是为了在以后计算各点到断层距离时方便利用点到曲线的距离来进行求解。

（5）利用点到曲线之间距离的计算模型计算网格点到各断层的距离，并利用该距离与相应断层的裂缝预测模型计算各断层控制下该点的裂缝密度。

（6）比较各断层影响下该点的裂缝密度，选取出对该点起主要影响作用的断层，取在该断层控制下计算的裂缝密度作为该点的裂缝密度。

（7）重复第（5）、（6）两个步骤对工区各点进行处理，获得各点的裂缝参数。

（8）计算完毕，输出各网格点裂缝密度数据，进行裂缝密度分布绘图。

算法设计的总体思路见图6-46，算法实现分为数据预处理模块、数据输入模块、计算处理模块和结果输出模块。数据预处理模块用于将连续数据体进行空间网格化处理；数据输入模块用于对裂缝密度预测模型中的输入数据进行输入；计算处理模块是算法的核心模型，主要用于计算各网格点的裂缝密度；结果输出模块通过文件输出系统对结果以文件或者数据表的形式进行输出处理。

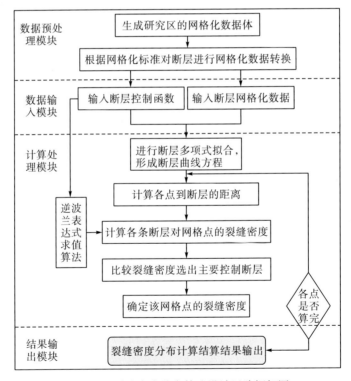

图 6-46　裂缝密度分布算法设计思路框架图

根据上述算法设计，这里使用编程语言 C♯，在.NET 平台上进行编程实现，图 6-47 是计算程序主界面。下面是有关算法的核心实现过程和一些处理方法。

1）达式求值

由于需要通过裂缝预测模型进行求值，程序设计需要用到表达式求值算法；所谓表达式一般由操作数(Operand)、运算符(Operator)和界限符(Delimiter)组成，例如算术表达式中，通常把运算符放在两个操作数的中间，称为中缀表达式，如 A+B。波兰逻辑学家 Lukasiewicz 则提出了另一种数学式表示法，这种数学式表示法有两种形式，即把运算符写在操作数之前，称为波兰表达式，如+AB，把运算符写在操作数之后，称为逆波兰表达式(Suffix Polish Expression)，如 AB+；其中逆波兰表达式在编译技术中有着普遍的应用。在程序设计中我们使用的是逆波兰表达式，先将正常的数学表达式生成逆波兰表达式，然后采用逆波兰表达式求值算法进行计算求值；算法实现分为三部分，一是对运算符的优先级进行判断和比较，这主要是用于在生成逆波兰表达式时需要根据运算符的优先级的比较来决定入堆栈操作；二是生成逆波兰表达式；三是根据参数赋值对逆波兰表达式进行求值。

下面的函数 precede()是运算符优先级判断算法的实现，程序中"//"之后代码为注释代码。

public static int precede(string Xita1，string Xita2) //函数说明：Xita1(表示堆栈顶)优先 Xita2 返回 1，Xita2 优先 Xita1 返回−1，优先级相同返回 0，返回 1000 说明正则表达式有问题

```
{
if (Xita1= = " + " ‖ Xita1= = " - ")
{
if (Xita2= = " + " ‖ Xita2= = " - " ‖ Xita2= = " # " ‖ Xita2= = ")") return 1;
else return - 1;
}
 if (Xita1= = " * " ‖ Xita1= = " /")
{
if (Xita2= = " pow" ‖ Xita2= = " log" ‖ Xita2= =." (") return - 1;
else return 1;
}
if (Xita1= = " pow" ‖ Xita1= = " log")
{
if ( Xita2= = " (") return - 1;
else return 1;
}
if (Xita1= = " (")
{
if (Xita2= = ")") return 0;
else if (Xita2= = " # ") return 1000; //出错
else return - 1;
}
if (Xita1= = ")")
```

```
{
if (Xita2= = " (") return 1000; //出错
else return 1;
}
if (Xita1= = " # ")
{
if (Xita2= = " # ") return 0;
clse if (Xita2= = ")") return 1000; //出错
else return - 1;
}
return 1000;
}
```

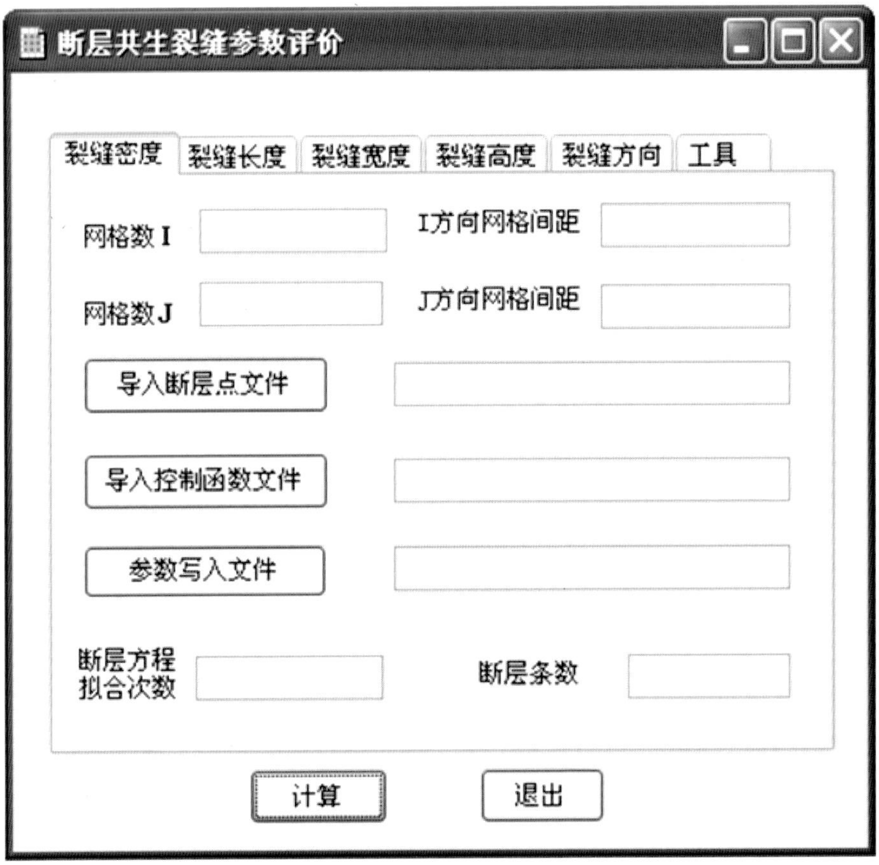

图 6-47　算法程序实现界面

下面的函数 bolanExpression（）是逆波兰表达式实现的算法。

```
public static string [] bolanExpression (string [] expression)
{
  int i, j;
```

```
i = 1;
j = 1;
string [] A= new string [expression. Length]; //A为逆波兰表达式
string stHeader; //栈顶元素
Stack ST = new Stack ();
ST. Push (" # ");
A[0] = expression [0]; //断层编号
while (expression [i] ! = " # ")
{
  if (expression [i+1] = = " 1") //遍历为操作数
  {
    A[j] = expression [i];
    A[j+1] = " 1";
    i= i+ 2;
    j= j+ 2;
  }
  else//遍历为运算符
  {
    stHeader = ST. Peek (). ToString ();
    while (tools. precede (stHeader, expression [i]) = = 1) //栈顶
运算符优先级高
    {
    A[j] = ST. Pop (). ToString ();
    A[j+1] = " 0";
    stHeader = ST. Peek (). ToString ();
    j= j+2;
    }
    if (tools. precede (stHeader, expression [i]) = = - 1) //栈顶运
算符优先级低
    {
    ST. Push (expression [i]); //运算符压入堆栈
    }
    if (tools. precede (stHeader, expression [i]) = = 0) //栈顶运算
符优先级相同
    {
    ST. Pop (); //移除括号
    }
    i= i+2;
```

```
            }
        }
    stHeader = ST. Pop (). ToString ();
    while (stHeader ! = " # ")
        {
            A[j] = stHeader;
            A[j+ 1] = " 0";
            stHeader = ST. Pop (). ToString ();
            j = j + 2;
        }
    A[j] = " # ";
    A[j + 1] = " 0";
    return A;
    }
```

下面的函数 ExpressionValueResult（ ）是根据参数赋值对逆波兰表达式进行的求值算法。

```
    public static float ExpressionValueResult (string [ ] expression,
float distance)
    {
        int i;
        string string1, string2;
        float value1, value2, result;
        Stack ST= new Stack ();
        i = 1;
        while (expression [i]! = " # ")
        {
            if (expression [i+ 1] = = " 1")
            {
                ST. Push (expression [i]); //压入操作数
                i = i + 2;
            }
            else
            {
                switch (expression [i])
                {
                    case " + ":
                            string2 = ST. Pop (). ToString ();
                            string1 = ST. Pop (). ToString ();
```

```
            if (string1 = = " x") value1 = distance;
            else value1 = float. Parse (string1);
            if (string2 = = " x") value2 = distance;
            else value2 = float. Parse (string2);
            result = value1 + value2;
            ST. Push (result. ToString ());
            break;
    case " - ":
            string2 = ST. Pop (). ToString ();
            string1 = ST. Pop (). ToString ();
            if (string1 = = " x") value1 = distance;
            else value1 = float. Parse (string1);
            if (string2 = = " x") value2 = distance;
            else value2 = float. Parse (string2);
            result = value1 - value2;
            ST. Push (result. ToString ());
            break;
    case " * ":
            string2 = ST. Pop (). ToString ();
            string1 = ST. Pop (). ToString ();
            if (string1 = = " x") value1 = distance;
            else value1 = float. Parse (string1);
            if (string2 = = " x") value2 = distance;
            else value2 = float. Parse (string2);
            result = value1 * value2;
            ST. Push (result. ToString ());
            break;
    case " /":
            string2 = ST. Pop (). ToString ();
            string1 = ST. Pop (). ToString ();
            if (string1 = = " x") value1 = distance;
            else value1 = float. Parse (string1);
            if (string2 = = " x") value2 = distance;
            else value2 = float. Parse (string2);
            result = value1 / value2;
            ST. Push (result. ToString ());
            break;
    case " pow": //第一个参数为底，第二个参数为幂
```

```
            string2 = ST. Pop (). ToString ();
            string1 = ST. Pop (). ToString ();
            if (string1 == " x") value1 = distance;
            else value1 = float. Parse (string1);
            if (string2 == " x") value2 = distance;
            else value2 = float. Parse (string2);
            result = (float) Math. Pow (value1, value2);
            ST. Push (result. ToString ());
            break;
        case " log":  //第二个参数为底，第一个参数为所求对数
            string2 = ST. Pop (). ToString ();
            string1 = ST. Pop (). ToString ();
            if (string1 == " x") value1 = distance;
            else value1 = float. Parse (string1);
            if (string2 == " x") value2 = distance;
            else value2 = float. Parse (string2);
            result = (float) Math. Log (value1, value2);
            ST. Push (result. ToString ());
            break;
        default:
            break;
        }
        i = i + 2;
    }
}
return float. Parse (ST. Peek (). ToString ());
}
```

2)点到断层距离计算

计算点到断层的距离，可以通过遍历断层网格数据进行逐点计算比较，取最小值得到。但该算法耗时长，计算量过大，因此通过对断层拟合成曲线，然后采用点到曲线之间的距离计算模型进行点到断层距离的计算。其中断层曲线的拟合主要采用了多项式拟合的数值算法进行拟合计算，而点到曲线的距离采用了牛顿下山法进行计算获得。

断层曲线函数的拟合是以类(NiHeFunction)的形式编写的，该类实现了拟合算法中矩阵计算中的 LU 分解算法(类中 ComputeLU( )函数实现)、拟合算法(用类 NiHeFunction 的构造函数实现)、多项式各项系数的确定(类中 ComputeFunction()函数实现)。

下面是类 NiHeFunction 的实现代码。

```
class NiHeFunction
{
```

```
private int N; //多项式拟合次数
private float [,] S; //拟合方程 S阵
private float [] T; //拟合方程 T阵
public float [] paraX;
public NiHeFunction (int i1, int i2, faultPointInfo [] fault-
Point) // 构造函数，主要对拟合次数、S阵、T阵进行初始化，参数中 i1 拟合次数，
i2 数据点数，faultPoint 点阵
{
    float [] s = new float [i1+ i1+ 2];
    N= i1; //初始化拟合次数
    S = new float [i1+ 2, i1+ 2];
    T = new float [i1+ 2];
    paraX= new float [i1+ 2];
    int j, m, n;
    float sum1, mul1, sum2, mul2;
    sum1 = 0;
    sum2 = 0;
    mul1 = 1;
    mul2 = 1;
    //初始化 S、T矩阵
    for (j= 0; j < i1+ i1+ 1; j++ ) //求 S, T
    {
        for (m = 1; m < i2+ 1; m++ ) //求和
        {
            if (j == 0)
            {
                mul1 = 1;
            }
            else
            {
                for (n = 0; n < j; n++ ) //求 j次方
                {
                    mul1 = mul1 * faultPoint [m]. X;
                }
            }
            sum1 = sum1 + mul1;
            if (j < i1+ 1) //求 T 阵
            {
```

```
                mul2 = mul1 * faultPoint [m]. Y;
                sum2 = sum2 + mul2;
                mul2 = 1;
            }
            mul1 = 1;
        }
    s [j+ 1] = sum1;
    if (j < i1 + 1)
    {
        T [j+ 1] = sum2;
    }
    sum1 = 0;
    sum2 = 0;
    }
    for (m = 1; m < i1 + 2; m+ + )
    {
        for (n = 1; n < i1 + 2; n+ + )
        {
            S [m, n] = s [m+ n- 1]; //对 S阵附计算值
        }
    }
}
public void ComputeLU () //进行 LU 分解
{
    int i, j, k; // i为行，j为列
    float sumTemp;
    sumTemp = 0;
    for (i = 2; i < N + 2; i+ + )
    {
        S [i, 1] = S [i, 1] / S [1, 1]; //L元素的第一列
    }
    for (i = 2; i < N + 2; i+ + ) //行
    {
        for (j = 2; j < N + 2; j+ + ) //列
    {
        if (j <  i) //求一行的 L元素
        {
            for (k = 1; k < j; k+ + )
```

```
            {
                sumTemp = sumTemp + S[i, k] * S[k, j];
            }
            S[i, j] = (S[i, j] - sumTemp) / S[j, j];
            sumTemp = 0;
        }
        else//j> = i时，求一行的 U元素
        {
            for(k = 1; k < i; k++ )
            {
                sumTemp = sumTemp + S[i, k] * S[k, j];
            }
            S[i, j] = S[i, j] - sumTemp;
            sumTemp = 0;
        }
    }
}
sumTemp = 0;
for(i = 2; i < N + 2; i++ ) //求 y元素
{
    for(k = 1; k < i; k++ )
    {
        sumTemp = sumTemp + S[i, k] * T[k];
    }
    T[i] = T[i] - sumTemp;
    sumTemp = 0;
}
}
public void ComputeFunction () //计算拟合方程系数
{
    float sumTemp;
    int i, j;
    sumTemp = 0;
    paraX [N + 1] = T[N + 1] / S[N + 1, N + 1];
    for (i= N; i> 0; i- - )
    {
        for (j= i+ 1; j< N+ 2; j+ + )
        {
```

```
            sumTemp = sumTemp + S[i, j] * paraX[j];
        }
        paraX[i] = (T[i] - sumTemp) / S[i, i];
        sumTemp = 0;
    }
}
```

点到曲线的距离利用牛顿下山法，通过下面的类 distanceCompute 实现。

```
class distanceCompute
{
    private float a; //初始值，大
    private float b; //初始值，小
    private float c; //求解精度
    public distanceCompute ()
    { }
    public distanceCompute (float x1, float x2, float epxl)
    {
        a= x1;
        b= x2;
        c= epxl;
    }
    public float Distance1 (string functionString)
    {
        fracaParmCompute FPC = new fracaParmCompute (functionString);
        float x1, x2, temp;
        x1= b;
        x2= a;
        while (Math. Abs (a- b) > c)
        {
            temp= (float) (x2 - FPC. param (x2) / (FPC. param (x2) -
FPC. param (x1)) * (x2 - x1));
            x1= x2;
            x2= temp;
        }
        return x2;
    }
    public float Distance2 (float x1, float y1, float x2, float y2)
    {
```

```
        return (float) Math. Sqrt ( (x1 - x2) * (x1 - x2) + (y1 - y2) *
(y1 - y2));
        }
    }
```

3) 裂缝密度计算

```
    class fracaDensity
    {
        private int i, j;  //网格数目
        private int N;  //断层条数
        private int nhcount;  //断层拟合次数
        private float Idistance;
        private float Jdistance;
        private string faultPointRoot;  //断点文件路径
        private string controlFunctionRoot;  //断层控制函数路径
        private string paramOutPutRoot;  //计算参数输出文件路径
        public faultInfo [] Fault;  //断层信息数组
        public fracaDensity (int x, int y, float Idis, float Jdis, int
faultN, int nhCount, string FPR, string CFR, string POPR)
        {   i= x;
            j= y;
            Idistance= Idis;
            Jdistance= Jdis;
            N= faultN;
            nhcount= nhCount;
            faultPointRoot= FPR;
            controlFunctionRoot= CFR;
            paramOutPutRoot= POPR;
        }
        //本构造函数不对断层条数进行赋值
        public fracaDensity (int x, int y, int nhCount, string FPR, string
CFR, string POPR)
        {
            i= x;
            j= y;
            nhcount = nhCount;
            faultPointRoot = FPR;
            controlFunctionRoot = CFR;
            paramOutPutRoot = POPR;
```

```
        }
    public void writeFaultInfo () //将文件断层及控制函数信息写入断层信息数组
    {
        int i, k;
        int faultHead; //存储每条断层点数
        //float max_ i, min_ i; //max_ i为断层最大 I网格，min_ i为断层最
小 I网格
        float [] faultParam = new float [nhcount + 1]; //表示断层拟合方
程系数
        string [] fracaToFaultFunction = new string [N + 1]; //裂缝密度
函数参数方程
        if (faultPointRoot = = "" | | controlFunctionRoot = = "" | |
paramOutPutRoot = = "" | | nhcount = = 0)
        {
            Console. WriteLine (" 参数初始化错误!");
        }
        else//下面为读数据到数值 FPI（断点数组）中
        {
            ArrayList pointAL = new ArrayList (); //pointAL 为断点数据
            ArrayList functionAL = new ArrayList (); //裂缝密度函数字符串
            fileOperator fo = new
                fileOperator (controlFunctionRoot, faultPointRoot, par-
amOutPutRoot);
            pointAL = fo. readFaultPointText (); //
            functionAL = fo. readFunctionText ();
            fracaToFaultFunction = (string []) functionAL. ToArray (typeof
(string));
            i = 1;
            while (pointAL. Count > 0)
            {
                faultPointInfo [] FPI = (faultPointInfo []) pointAL. ToAr-
ray (typeof (faultPointInfo));
                    faultHead = FPI [0]. ID; //断层点数
                    NiHeFunction NHF = new NiHeFunction (nhcount, faultHead,
FPI);
                    NHF. ComputeLU ();
                    NHF. ComputeFunction ();
                    for (k = 0; k < nhcount + 1; k+ +)
```

```
                {
                    faultParam [k] = NHF. paraX [k + 1];
                }
                Fault [i]. ID = FPI [1]. ID; //赋断层编号
                Fault [i]. Param = faultParam; //赋断层拟合函数系数信息
                Fault [i]. controlFunction= tools. bolanExpression (fracaT-
oFaultFunction [i- 1]. Split (', ')); //赋断层控制函数信息（逆波兰表达式的形式）
                pointAL. RemoveRange (0, faultHead + 1); //移除前面处
理完的断层
                i+ + ;
            }
            N = i;
        }
    }
    public void writeFaultInfo1 ()
    {
        int i;
        string [] fracaToFaultFunction; //断层相关的裂缝参数方程
        string [] temp;
        if (faultPointRoot = = "" || controlFunctionRoot = = "" || pa-
ramOutPutRoot = = "" || nhcount = = 0)
        {
            Console. WriteLine (" 参数初始化错误!");
        }
        else//下面为读数据到数值 FPI（断点数组）中
        {
            ArrayList functionAL = new ArrayList (); //裂缝密度函数字符串
            fileOperator fo = new fileOperator (controlFunctionRoot, faultPointRo-
ot, paramOutPutRoot); //读取断层文件
            functionAL = fo. readFunctionText ();
            fracaToFaultFunction = (string []) functionAL. ToArray (ty-
peof (string));
            Fault = new faultInfo [N + 1];
            for (i = 0; i < functionAL. Count; i+ + )
            {
                temp= fracaToFaultFunction [i]. Split (', ');
                Fault [i] = new faultInfo ();
                Fault [i]. ID= int. Parse (temp [0]);
```

```
        Fault [i]. controlFunction = tools. bolanExpression (temp);
      }
    }
  }
  public float param (float x1, float y1) //通过计算某点与各断层的距离并
结合断层控制函数计算参数值，返回计算的参数值， i， j为该点的网格坐标
    {
      float maxValue, temp;
      maxValue = 0F;
      if (faultPointRoot = = "" || controlFunctionRoot = = "" || par-
amOutPutRoot = = "" )
      {
        Console. WriteLine (" 参数初始化错误!");
      }
      else //下面为读数据到数值 FPI （断点数组）中
      {
        ArrayList pointAL = new ArrayList (); //pointAL 为断点数据
        fileOperator fo = new fileOperator (controlFunctionRoot, faultPointRo-
ot, paramOutPutRoot); //读取断层文件
        pointAL = fo. readFaultPointText ();
        faultPointInfo [] FPI = (faultPointInfo []) pointAL. ToArray
(typeof (faultPointInfo));
        maxValue = tools. ExpressionValueResult (Fault [FPI [1]. ID - 1].
controlFunction, tools. Distance (x1, y1, FPI [1]. X, FPI [1]. Y, Idistance,
Jdistance));
        for (int n= 2; n< pointAL. Count; n+ + )
        {
        if (FPI [n]. X ! = - 1000)
        {
          temp= tools. ExpressionValueResult (Fault [FPI [n]. ID -
1]. control Function,
          tools. Distance (x1, y1, FPI [n]. X, FPI [n]. Y, Idistance,
Jdistance));
          if (temp > 1)
          {
            maxValue = 0. 33F;
          }
          else
```

```
            {
                if (maxValue < temp) maxValue = temp;
            }
        }
    }
    return maxValue;
}
public void writeParamToText () //将计算参数写入文本文件中
{
    int n, m;
    string temp;
    fileOperator fo = new fileOperator (controlFunctionRoot, fault-
PointRoot, paramOutPutRoot); //写入参数到文件
    temp = "";
    for (n = 1; n < i + 1; n++)
    {
      for (m = 1; m < j ; m++)
    {
      temp = temp + param (n, m). ToString () + ",";
    }
    temp = temp + param (n, j). ToString () ;
    fo. writeText (temp);
    temp = "";
    }
  }
}
```

4）文件输入输出

文件的输入输出基于 C♯ 程序的系统 IO 类进行编程实现，主要包括文件的输入和输出操作，通用格式为 ASCII 格式。文件操作的实现一般比较固定，采用一个完整的类 fileOperator 对其实现。下面是该类的实现代码，其中包括对断层网格数据、控制函数的输入和裂缝密度计算结果的输出。

```
class fileOperator
{
    private string fileName;
    private string functionName; //断层控制函数文件
    private string faultPointName; //断点文件
    private string outPutName; //计算输出文件
```

```
public fileOperator () { }
public fileOperator (string FN, string FPN, string OPN)
{
    functionName = FN;
    faultPointName = FPN;
    outPutName = OPN;
}
    public void writeText (string content) //写 TXT 文件
    {
      try
      {
        StreamWriter fsw = File. AppendText (outPutName);
          fsw. WriteLine (content);
          fsw. Flush ();
          fsw. Close ();
      }
      catch (Exception e)
      {
          Console. WriteLine (" error:" + e. Message);
      }
    }
    public ArrayList readFaultPointText () //读断层点 TXT 文件
    {
      ArrayList rData= new ArrayList ();
      try
      {
        if (File. Exists (faultPointName))
          {
            StreamReader fsr = new StreamReader (faultPointName,
Encoding. GetEncoding (" GB2312"));
            String input;
            input= fsr. ReadLine ();
            while (input! = null)
            {
                string [] strArray= input. Split (', ');
                faultPointInfo fpInfo= new faultPointInfo ();
                try
                {
```

```
                        fpInfo. X= float. Parse (strArray [0]);
                    }
                    catch (Exception e)
                    {
                        Console. WriteLine (" error:" + e. Message);
                        return null;
                    }
                    fpInfo. Y= float. Parse (strArray [1]);
                    fpInfo. ID= int. Parse (strArray [2]);
                    rData. Add (fpInfo);
                    input= fsr. ReadLine ();
                }
                fsr. Close ();
                return rData;
            }
            else
            {
                string input= " 0; 未查到数据; 0";
                string [] strArray= input. Split ('; ');
                faultPointInfo fpInfo= new faultPointInfo ();
                fpInfo. X= int. Parse (strArray [0]);
                fpInfo. Y= int. Parse (strArray [1]);
                fpInfo. ID= int. Parse (strArray [2]);
                rData. Add (fpInfo);
                return rData;
            }
        }
        catch (Exception e)
        {
            Console. WriteLine (" error:" + e. Message);
            return null;
        }
    }
```

public ArrayList readFunctionText () //读函数 TXT 文件，函数格式为（字串，类型），其中字串可以是操作数也可以是计算符号，类型：0 为运算符，1 为常数，2 为变量

```
{
    ArrayList rData = new ArrayList ();
    try
```

```
    {
      if (File. Exists (functionName))
      {
         StreamReader fsr = new StreamReader (functionName, Encoding.
GetEncoding (" GB2312"));
         String input;
         input = fsr. ReadLine ();
         while (input ! = null)
         {
           rData. Add (input);
           input = fsr. ReadLine ();
         }
         fsr. Close ();
         return rData;
      }
      else
      {
         string input = " 0; 未查到数据; 0";
         rData. Add (input);
         return rData;
      }
    }
    catch (Exception e)
    {
      Console. WriteLine (" error:" + e. Message);
      return null;
    }
  }
}
```

3. 实例应用

这里以阿曼 Daleel 油田为例来阐述关于断层共(派)生裂缝的分布预测过程。该油田是中石油于 2002 年进入的阿曼 5 区块中已发现和投入开发的主力油田;该油田于 1986 年发现,至今勘探开发 30 多年,静动态资料日益丰富,断裂及其共派生裂缝在勘探开发中表现出来的作用越来越强,因此对其精细表征和刻画成了后续勘探开发工作的关键和重点。

1)断层特征

研究区内断层分布特征明显,通过归纳其分布特征主要如下。

(1)断层组系清楚,主要发育 NW-SE 向正断层,但也存在少量 NE-SW 向断层,该类断层规模小，多数在地震勘探上难以识别，但在成像测井上能清楚地识别(如图 6-48)。

(2)部分小断层具有一定的有效性，在成像测井解释上呈现连续高导影像特征，该类小断层对油气生产开发具有影响作用(如图 6-49)。

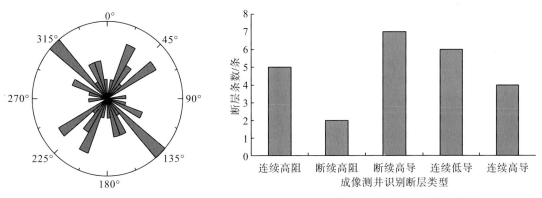

图 6-48　成像测井解释断层走向分布　　　　　　　图 6-49　成像测井解释断层有效性分布图

(3)断层倾角大。从地震解释结果来看，大部分断层倾角均在 75°以上，成像测井解释断层倾角平均 64°，一般大于 50°，因此研究区断层产状以高角度为主；规模小的部分断层倾角相对较小，断距一般在 20m 左右，延伸规模大的断层一般断距大于延伸规模小的断层，断层均切穿目的层(如图 6-50)。

(4)总体来说断层较平直，弯曲程度不大，部分小断层有被大断层交叉截断的现象，断层延伸长度有一定差异，最短仅 280m 左右，最长可以达 7130m 以上。

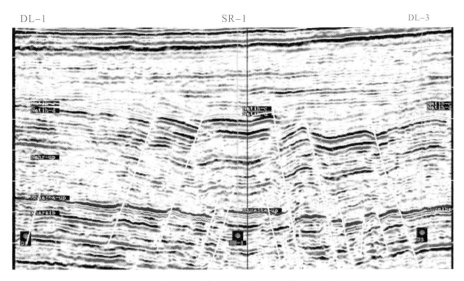

图 6-50　过 DL-1 井-SR-1 井-DL-3 井断层解释图

2)裂缝密度分布模型建立

对阿曼 Daleel 油田解释的 75 条断层(见表 6-7)及断层附近钻井井剖面裂缝识别结果进行了相关统计研究。根据断层延伸长度及断层附近钻井的资料情况选取了研究区 20 条断层进行统计分析，目的是建立裂缝密度和取样点与断层之间距离的关系。断层附近钻井上裂缝密度的采样按照 200m 水平井段进行统计并读取一个裂缝密度，样点位置为取样段中点；直井直接将其裂缝密度作为一个统计样点，样点位置即为直井井位点。钻遇延伸长度较小断层上的井，按照与断层距离 10m、50m 的间距分别进行取样统计裂缝密度。按照上述抽样方式，建立了以单井钻遇断层附近裂缝的发育密度函数（如图 6-51～图 6-63），以及 Daleel 油田 B、C 断块内大断层与边界断层附近裂缝发育密度的分布函数（如图 6-64～图 6-66）。

通过大量对各条断层附近周围裂缝密度的统计分析，裂缝密度与断层相关性明显，主要表现为以下几个方面的特征。

（1）断层共派生裂缝发育密度与距断层的距离有关，随着与断层距离的增大，裂缝密度减小（如图 6-51～图 6-63）。

（2）断层弯曲程度对裂缝发育有一定的影响，一般弯曲凸面裂缝密度有增大趋势，但本次裂缝弯曲程度不大，对裂缝发育的影响可以不做考虑。

表 6-7 阿曼 Daleel 油田研究区内断层形态及规模统计表

断层标号	断层形态	断层长度/m	断层标号	断层形态	断层长度/m
58	交叉	284.4048	2	平直	1420.595238
62	平直	357.381	6	交叉	1479.166667
42	弯曲	398.8095	22	弯曲	1512.02381
72	交叉	405.5952	25	平直	1620.833333
1	交叉	479.4048	68	交叉	1689.642857
64	弯曲	539.6429	66	平直	1704.285714
26	交叉	576.6667	47	交叉	1739.642857
40	交叉	595.2381	12	弯曲	1746.071429
13	平直	604.6429	3	弯曲	1830.238095
44	弯曲	630	61	交叉	1859.285714
63	平直	640.5952	9	弯曲	2007.619048
21	平直	640.8333	31	交叉	2035.714286
35	交叉	645.5952	4	交叉	2079.52381
36	交叉	672.2619	43	交叉	2109.285714
14	弯曲	675.9524	38	弯曲	2161.428571
56	交叉	687.381	70	弯曲	2231.666667
75	交叉	735.3571	23	交叉	2265.47619
52	弯曲	739.0476	57	交叉	2422.857143
69	交叉	757.381	55	交叉	2472.261905
34	交叉	785.3571	37	交叉	2500.47619
59	交叉	795	27	弯曲	2604.642857
8	交叉	815.2381	29	弯曲	2716.785714
18	平直	847.7381	53	交叉	2800.238095

续表

断层标号	断层形态	断层长度/m	断层标号	断层形态	断层长度/m
16	平直	849.1667	51	平直	2935.357143
41	平直	874.5238	50	交叉	3165
17	平直	879.4048	60	交叉	3213.571429
65	弯曲	900.2381	67	交叉	3323.571429
19	交叉	927.0238	54	弯曲	3625.238095
7	交叉	929.6429	49	弯曲	3752.261905
45	弯曲	936.7857	71	交叉	3874.52381
10	平直	985.8333	39	交叉	3879.047619
11	平直	1009.048	15	弯曲	3926.785714
73	平直	1146.548	20	交叉	4170
28	交叉	1205.595	48	交叉	4211.071429
46	平直	1237.143	33	平直	4837.142857
24	交叉	1252.143	32	弯曲	6017.142857
30	交叉	1265	74	弯曲	7132.5
5	交叉	1403.571			

(3)断层共派生裂缝的发育密度随距断层距离增大递减的速度与断层规模有关，如单井上钻遇的小断层（断层长度均小于1000m）所拟合出的密度函数除DL-126H1井2530.48m处小断层附近为幂函数外，其余均为指数递减函数；单井上钻遇的一条长2000m左右的断层附近统计拟合的裂缝密度与距断层距离之间的关系为对数递减函数；对于B、C两个区块的边界断层所拟合出的裂缝密度分布函数均为幂函数递减型。这几类函数中递减速率最快的是指数函数，其次是对数函数，最慢的是幂函数，因此定量的反映了断层规模越大，其附近裂缝发育密度随断层距离的增大递减越慢。

(4)断层形态及组合对断层共派生裂缝的发育存在影响，但研究区断层的整体走向、形态、组合具有相似性，断层交叉与被截断主要为小断层，这些因素相对来说也是次要的。

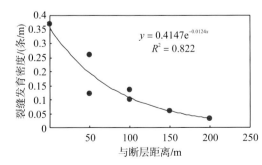

图 6-51 DL-86H2 井 2098.1m 处钻遇断层
附近裂缝发育密度函数

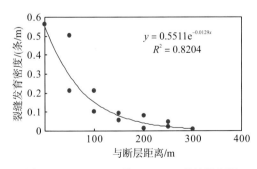

图 6-52 DL-89H1 井 2296.4m 处钻遇断层
附近裂缝发育密度函数

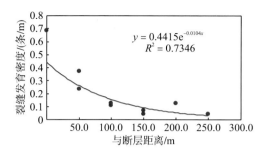

图 6-53　DL-106H1 井 2035.6m 处钻遇断
层附近裂缝发育密度函数

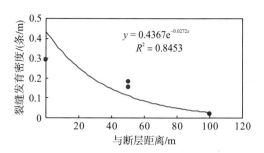

图 6 54　DL-125H1 井 1759.56m 处钻遇断
层附近裂缝发育密度函数

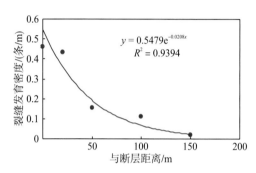

图 6-55　DL-125H1 井 1781.94m 处钻遇断
层附近裂缝发育密度函数

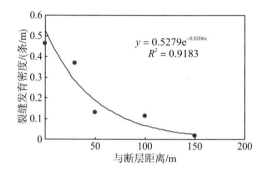

图 6-56　DL-125H1 井 2060.94m、2061.27m
处钻遇断层附近裂缝发育密度函数

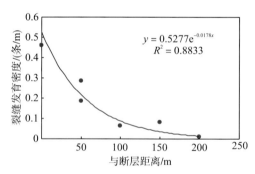

图 6-57　DL-125H1 井 2117.04m 处钻遇断
层附近裂缝发育密度函数

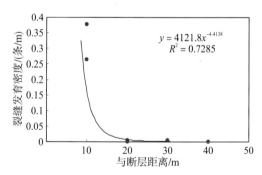

图 6-58　DL-126H1 井 2530.48m 处钻遇断
层附近裂缝发育密度函数

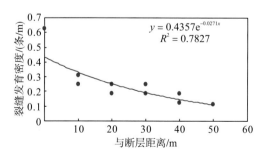

图 6-59　DL-128H1 井 1775.38m 处钻遇断
层附近裂缝发育密度函数

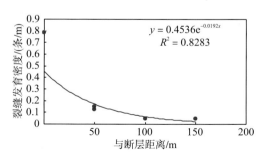

图 6-60　DL-136H1 井 2228.13m、2230.83m
处钻遇断层附近裂缝发育密度函数

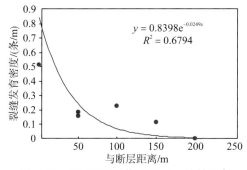

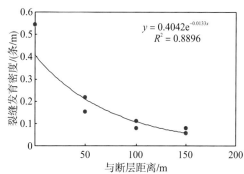

图 6-61　DL-134H1 井 1758.4m 处钻遇断
层附近裂缝发育密度函数

图 6-62　DL-137H1 井 2132.63m 处钻遇断
层附近裂缝发育密度函数

　　根据上述统计结果来看，对裂缝发育的主要影响因素为两个：其一是与断层相距的远近是裂缝发育的一个主要影响因素；其二是断层的发育规模，不同延伸长度的断层对其附近裂缝的控制程度具有差异。因此通过简化变成两个因素的考虑，为了使问题进一步简单化，可按照断层规模对断层进行分类；断层分类的依据可以按照断层附近裂缝密度分布函数类型进行归类，三类裂缝密度分布函数已经反映了对应断层的规模，呈指数函数关系的控制断层一般延伸长度在 1000m 以内（如图 6-51～图 6-62），呈对数函数关系的断层一般在 1000～3000m（如图 6-63），呈现幂函数关系的断层一般都在 3000m 以上（如图 6-64～图 6-66）。因此对 75 条断层可以按照断层规模（长度）分成三类即大、中、小断层，规模分别对应断层长度为 0～1000m、1000～3000m、3000～8000m（如图 6-67、表 6-8）。在断层分类的基础上就可以对每类断层按照其附近裂缝密度分布情况进行裂缝密度分布模型的建立，最终建立了下面三个裂缝密度分布模型来控制全区的裂缝密度计算。

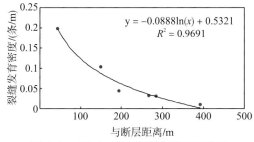

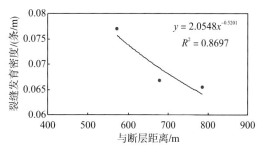

图 6-63　DL-131H1 井所钻遇断层附近
裂缝发育密度函数

图 6-64　C 区块西南边界大断层附近
裂缝发育密度函数

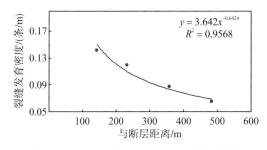

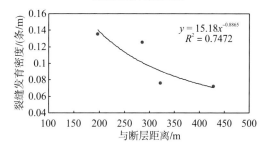

图 6-65　C 区块北东边界大断层附近裂缝
发育密度函数

图 6-66　B 区块西南边界大断层附近裂缝
发育密度函数

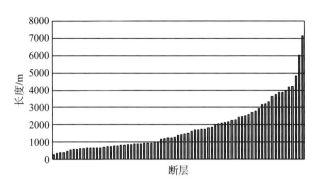

图 6-67   断层规模分布统计图

表 6-8   断层分类表

类型	断层长度	名称
I	小于 1km	小断层
II	1~3km	中等断层
III	大于 3km	大断层

(1)小型断层(延伸长度小于 1000m)附近裂缝密度分布模型。根据上述各井钻遇小型断层附近裂缝的密度函数已经知道,其符合指数递减函数关系,对比各函数系数上差异不大,可以归成一类来处理。将该类型的所有取样数据点合并起来进行指数函数关系的拟合,获得一个总体的指数函数关系作为小型断层的裂缝密度的分布模型;通过拟合建立的小断层附近裂缝密度分布模型为 $y = 0.3708e^{-0.0129x}$,其中 y 为裂缝密度,x 为距离断层的距离,拟合相关系数达到 0.9133(如图 6-68)。

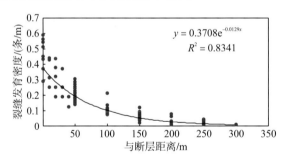

图 6-68   小断层(延伸长度小于 1000m)附近裂缝密度分布模型

(2)中型断层(延伸长度为 1000~3000m)附近裂缝密度分布模型。具有资料的该类型断层较少,仅 DL-131H1 井所钻遇的一条断层可供统计,而且通过前面的统计结果发现该类断层附近裂缝密度分布具有很好的对数递减函数关系,拟合出的对数模型为 $y = -0.088\ln(x) + 0.5321$,其中 y 为裂缝密度,x 为距离断层的距离,拟合相关系数为 0.9691(如图 6-63)。

(3)大型断层(延伸长度大于 3000m)附近裂缝密度分布模型。大型断层附近裂缝密度的分布统计结果均符合幂函数递减关系,且两个函数系数上差异不大,也可以考虑合并处理。因此大断层附近裂缝密度的取样点合并到一起进行了重新拟合,通过拟合建立的裂缝密度分布模型为 $y = 2.015x^{-0.5292}$,其中 y 为裂缝密度,x 为距离断层的距离,拟合相关系数为 0.9029(如图 6-69)。

从上述对各类断层最后建立的裂缝密度分布函数模型来看，各类断层附近裂缝密度函数关系模型拟合程度都很高，较好地反映了各类断层附近裂缝发育密度与距断层距离之间的规律，因此上述建立的模型基于了实际资料点，且吻合程度高，可以作为后续裂缝密度分布预测的计算模型。

3)断层共(派)生裂缝的分布与评价

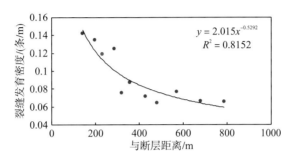

图 6-69　大断层(延伸长度大于 3000m)附近裂缝密度分布模型

依据上述建立的裂缝密度分布模型和所编制的程序，对 Daleel 油田 B、C 断块进行了计算，并获得了对应裂缝密度的分布(如图 6-70、图 6-71)。从 B、C 断块裂缝密度分布中的统计表明，断层对附近裂缝分布的控制距离存在差异，随着距断层距离的增加，小断层对裂缝的控制距离为 200m 左右，中断层对裂缝的控制距离为 400m 左右，大断层对裂缝的控制距离为 1500m 左右(如图 6-72)。

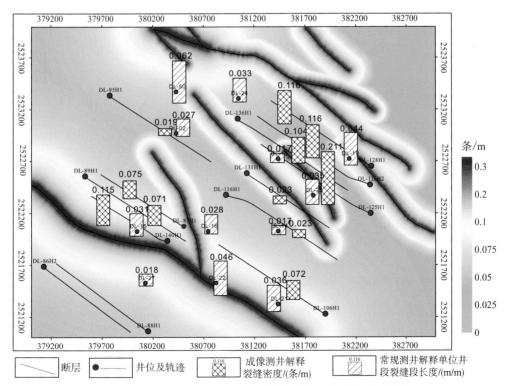

图 6-70　阿曼 Daleel 油田 B 区断裂带裂缝密度分布及评价图

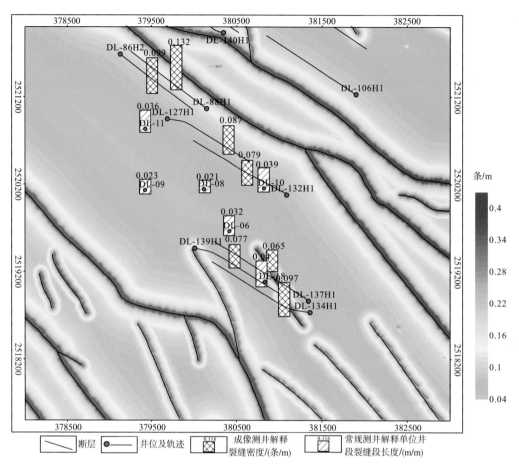

图 6-71　阿曼 Daleel 油田 C 区断裂带裂缝密度分布及评价图

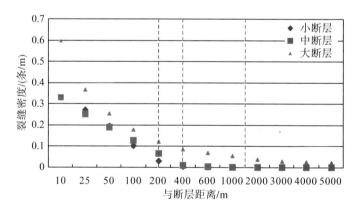

图 6-72　阿曼 Daleel 油田 B、C 区断层对附近裂缝的控制距离对比图

　　对照上述两个区块获得的断层共(派)生裂缝密度的分布,通过井剖面裂缝统计与解释以及水淹动态的印证,都反映了上述预测结果的合理性(如图 6-70、图 6-71、图 6-73),其中 11 口水平生产井的水淹测井评价结果与断层共(派)生裂缝预测结果基本吻合。

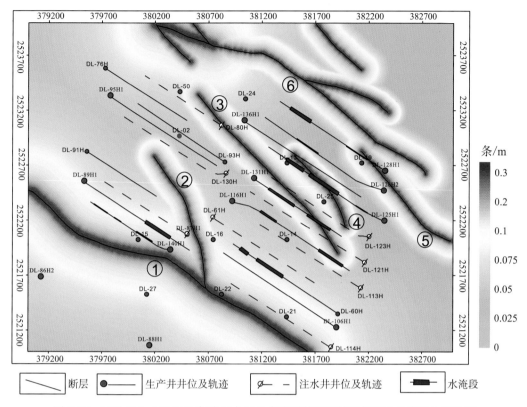

图 6-73　阿曼 Daleel 油田 B 断块注水开发水淹测井解释结果与裂缝分布对比评价图

第三节　多期次多成因裂缝子系统叠加分布与评价

一、子系统定性叠加分布与评价

基于上述研究思路，完成了对各裂缝子系统的分布预测工作后，可以将各子系统直接叠加，按照叠加区的多少来定性的确定裂缝发育的相对程度；下面以鄂尔多斯盆地鄂南地区泾河油田 17 井区延长组油藏多期次多成因裂缝子系统叠加研究为例进行阐述。

通过前文的研究，泾河油田 17 井区长 8 油藏裂缝成因主要为断层共（派）生裂缝和构造变形成因裂缝，同时在裂缝形成过程中受岩性影响较大；裂缝主要形成于燕山二幕和喜山期（杨艺等，2012；张娟，2010；周文等，2008）。根据对各期断层共（派）生裂缝和构造变形成因裂缝的预测结果，按照这两类裂缝多期线性叠加后的结果与岩性控制形成多因素叠合确定裂缝的分布，并将裂缝预测结果分为裂缝发育区、较发育区和欠发育区。具体而言首先确定三种控制因素的贡献能力，用虚线圆圈的大小表示，再根据断层的极限控制距离、门限砂地比和构造曲率下限确定三种控制作用的有效范围，用实线圆圈的大小表示；三种控制作用两两交会，其中三种控制作用的共同叠合区为裂缝发育区，两个因素叠合区内去掉达不到另外一个因素下限区域的剩余区域为裂缝较发育区，单一控制因素内不满足另外两个因素下限区域的为裂缝欠发育区（如图 6-74）。

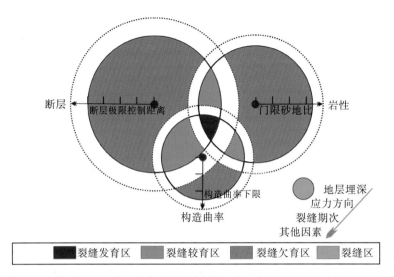

图 6-74　泾河油田 17 井区多期次多成因裂缝子系统预测结果叠合评价思路图

　　根据上述思路，泾河油田 17 井区长 8 油藏裂缝分布情况如下：裂缝发育区主要位于研究区的东部泾河 17 井和西部的泾河 2 井区域，为裂缝相对最发育区域，同时储层砂体较厚，具有最好的开发潜力；裂缝较发育区位于研究区中部和北部，主要分布在较大断裂带附近，裂缝较发育区域主要受断裂带控制，主要位于断裂极限控制距离内；裂缝欠发育区主要位于小断裂发育区和构造曲率较大的砂地比较大的区域，裂缝欠发育区不连续（如图 6-75）。

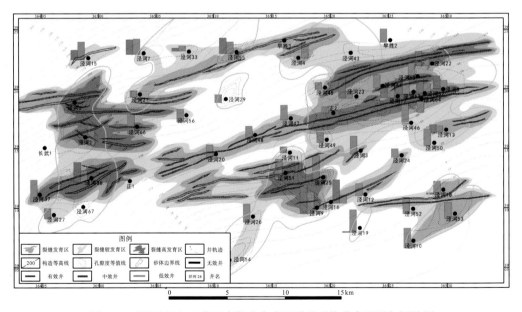

图 6-75　泾河油田 17 井区多期次多成因裂缝系统分布预测与评价图

二、子系统定量叠加分布与评价

下面就川西坳陷新场气田须二气藏裂缝预测与评价为例来说明多期次多成因裂缝子系统的定量叠加分布与评价工作。

对新场气田须二气藏野外裂缝的调查及井剖面裂缝的解释为井剖面裂缝的综合评价提供了地质依据。依据野外裂缝调查研究和井点裂缝解释结果，认为断层对裂缝发育的控制作用最大，层厚和构造变形次之，而岩性因素在所统计的四个影响因素中相对最弱（王喻等，2015；于红枫等，2006；张冲等，2014）。基于此充分利用前述预测方法提供的各裂缝子系统预测结果，考虑将这些结果进行定量叠加形成最终的裂缝预测结果。叠加思路首先将各期断层共派生裂缝密度进行算术求和叠加形成断层共派生裂缝分布结果，将各期构造变形成因裂缝密度进行算术求和叠加形成构造变形成因裂缝分布结果；然后根据断层、构造变形、地层厚度与各点裂缝的相关性（相关系数）求取对应的权因子（式6-49、表6-9），并将断层共派生裂缝分布结果、构造变形成因裂缝分布结果与地层厚度进行无量纲化和归一化后，按照确定的对应权因子进行线性组合形成定量化的裂缝综合评价因子（式6-50），并以此进行线性组合计算确定最终的裂缝分布预测结果。

$$断层共生裂缝权因子 = \frac{断层共生裂缝密度相关性}{断层共生裂缝密度相关性+层厚相关性+构造变形相关性} \tag{6-49}$$

表6-9　新场气田须二段裂缝综合评价权因子计算结果表

小层	参数1(断层控制裂缝分布密度)	参数2(层厚)	参数3(构造变形-曲率)
T51(Tx_2^2)	0.530338	0.270840	0.198822
T511(Tx_2^4)	0.538086	0.259471	0.202444
(Tx_2^7)	0.520505	0.285271	0.194224

确定权因子后，按照式(6-50)计算出各网格点(100m×100m)的裂缝综合评价参数F_a，按F_a大小编制研究区主要目的层段裂缝综合评价图(如图6-76～图6-78)，并且根据钻井及测井资料解释的井剖面裂缝发育情况，确定F_a的高值区($F_a > 0.36$)对应裂缝发育区、F_a的中值区($0.36 > F_a > 0.18$)对应裂缝较发育区、F_a的低值区($F_a < 0.18$)对应裂缝欠发育区，以此确定整个裂缝网络的分布预测和评价。

$$F_a = a_1 x_1 + a_2 x_2 + a_3 x_3 \tag{6-50}$$

式中：F_a—裂缝综合评价因子；

x_1—断层共生裂缝密度取值；

a_1—断层共生裂缝密度权因子；

x_2—层厚取值；

a_2—层厚权因子；

x_3—构造变形取值；

a_3—构造变形权因子。

从须二段主要层段裂缝综合预测与评价结果可以看出：$F_a > 0.36$的红色区域为裂缝发育区，F_a大于0.18小于0.36的黄色区域为裂缝相对发育区，F_a小于0.18的绿色—

青色区域为裂缝欠发育区(如图 6-76～图 6-78)。

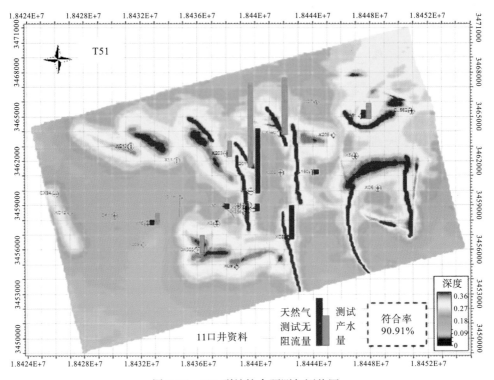

图 6-76　T51 裂缝综合预测与评价图

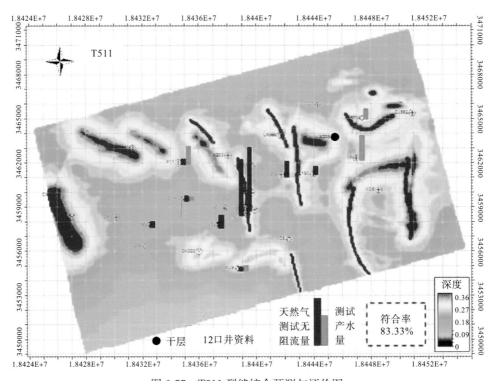

图 6-77　T511 裂缝综合预测与评价图

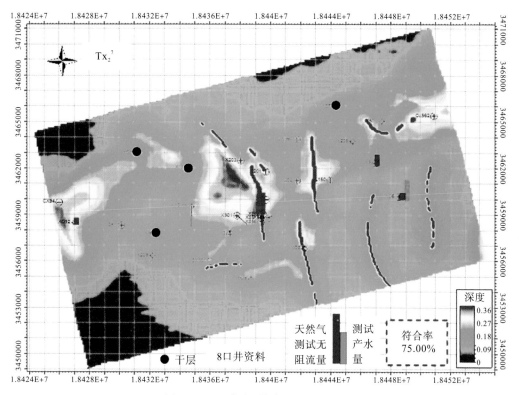

图 6-78 Tx₂⁷裂缝综合预测与评价图

第七章 裂缝有效性评价

关于裂缝有效性的概念,目前国内外普遍的观点认为是在油气藏条件下处于开启状态、能为流体提供有效流动空间的裂缝为有效(柳智利等,2010);但对其有效性的判断及有效程度量化方面的研究目前还主要集中在对裂缝有效性参数(即裂缝张开度、裂缝渗透率、裂缝孔隙度)的计算和评价。目前裂缝有效性参数研究的手段主要有两个方面,一方面是通过油气藏静态资料解释计算或者实验测试分析获得,如野外露头和钻井岩心上裂缝参数测量、测井资料解释、裂缝导流实验、岩心三维 CT 扫描等(童亨茂和钱祥麟,1994;姚军等,2005);另一方面是采用油气藏动态资料进行模拟计算获取,如生产历史数据、试井资料等(郭大立等,2005)。裂缝有效性参数研究很显然是裂缝有效性评价的基础,但前人基于油气藏各类动静态资料获取的裂缝有效性参数往往存在很大的差异,如对某井段分别通过岩心、深浅双侧向测井资料、试井资料等所获取的裂缝张开度参数可以相差 2~4 个数量级;关于形成这一差异的原因还缺乏深入研究,这也导致了目前在裂缝参数评价问题上的含糊不清和缺乏统一性。另外由于油气藏中裂缝发育的随机性和对流体导流作用的复杂性,加之生产井段附近以及油气藏地质单元体内油气的流通主要通过裂缝网络进行;因此单条裂缝的有效性与裂缝网络系统的有效性是两个完全不同的概念。如果要解决油气成藏和油气开发中裂缝系统在流体导流过程中所起的实际作用,裂缝有效性的表征就不能局限于单条裂缝的研究,而应该建立一套基于裂缝网络系统的有效性评价方法和定量指标。

第一节 裂缝有效性参数的解释

一、基于岩心与露头裂缝有效性参数的测量

通过岩心及野外露头可以对裂缝张开度进行实际测量,但受到测量精度及测量误差的影响,一般测量精确为 0.05mm 左右,同时由于岩心及野外露头出露地表,应力卸载后裂缝张开度参数往往偏大几个数量级,但仍然可以反映裂缝张开度的相对大小(童亨茂和钱祥麟,1994;宋文燕等,2010)。如前文所述川西坳陷新场气田以南新津熊坡构造东北翼野外露头及研究区钻井岩心裂缝张开度的测量结果表明,裂缝张开度数量级为毫米级,分布为 0.05~4.2mm,平均为 1.95mm;其中 EW、NW 向裂缝张开度最大,平均分别为 2.25mm、2.05mm,SN 向裂缝张开度次之,平均为 1.42mm,NE 向裂缝张开度最小,平均为 1.36mm。

另外也可以在野外露头面上通过确定裂缝张开度,进而根据裂缝的分布情况计算其

面孔率等参数，该参数的数量级一般也偏大。

二、基于测井资料的裂缝有效性参数解释

测井资料是井剖面裂缝有效性参数解释的重要资料，可以用于对裂缝有效张开度、孔隙度进行计算，其中关于常规测井裂缝有效性参数的解释工作已经在第三章第二节的第四点中有详细论述，这里不再赘述。

成像测井可以通过对其动静态图上有效裂缝的暗色影像所显示出的裂缝张开度为井筒内壁裂缝张开度的响应，但该张开度受井筒几何形状、裂缝产状的限制以及图像处理上的问题，往往被当作裂缝的视张开度。在成像测井图上对裂缝视张开度测量的具体方法是将成像图水平方向和垂直方向长度与物理模型实际长度比例均设为 1∶1，以基质测井物理响应值为阀值对物理信号扫描数据进行二值化，将彩色图像转换成黑白图像，用黑色条带代表有效裂缝，黑色条带的宽度为有效裂缝的视张开度；显示张开度受所设定阀值的上下幅度值影响，这好比上下移动的截止值，当阈值接近基值时，裂缝的视张开度就大，当阈值接近有效裂缝幅度值时，裂缝的视张开度就小，所以阈值的选择对裂缝视张开度的计算结果影响极大。根据目前国内成像测井通常设置的阈值标准，按照该思路进行裂缝视张开度的读取，一般裂缝的张开度为 2.123～101.5mm，平均值为 12.95～28.19mm，这显然与地层条件下裂缝的实际展开式不吻合，与后面要讲述的动态资料解释裂缝张开度在数量级上也有比较大的差异，因此基于成像测井所获取的裂缝视张开度还需做一定的校正才能较为客观地反映井筒附近裂缝的实际情况。

三、基于动态资料的裂缝有效性参数解释

1. 基于试井资料的解释

1)原理

地下裂缝的试井响应可以通过关井或者开井改变地层内部油气的流动动态，从井底向四周发出一个压力变化信号，通过这一压力信号的传播可以对井筒附近地层进行扫描，它把压力信号在向外扩散时所遇地层信息随时间的变化不断反馈到井底。通过对井底压力随时间的连续观测，获得压力波在所测试时间内扫描所获得的地层流动系数、井壁附近受污染程度、井筒附近裂缝特征及边界状况等重要信息，它是一种能够比较全面地反映地层参数的动态资料。对于试井资料裂缝信息的提取工作主要是基于图版分析方法，压力恢复试井方法基于压力叠加原理的 Horner 法，Horner 公式广泛适用于新井的试井分析，它建立了关井后压力和时间的关系，并在此基础上建立了拟压力条件下 $\Delta\Psi = \Psi_{WS}(\Delta t) - \Psi_{WS}(\Delta t = 0)$ 与时间（t）的双对数、半对数等图版。

新场气田须二储层基质渗透率极低，裂缝在天然气渗流过程中起主导作用，现场钻井测试、生产表明该区具有工业产能的气井裂缝发育程度都比较高，生产特征表现出具有双重介质特征，因此基于单井的试井分析资料，通过双重介质图版可以对井筒附近裂

缝参数进行解释，本次解释主要采用 Saphir 试井分析软件的压裂双孔双渗模型来进行，通过该模型将实际压力资料与理论图版进行拟合可以获得裂缝的导流系数和串流系数，然后通过这两个系数与裂缝张开度之间的关系求取裂缝张开度。根据前人研究表明在使用串流系数计算裂缝张开度时，由于形状因子这一重要参数在研究区目前的取值不确定性较大，对最终裂缝张开度的求取结果影响较大，所以这里就不采用串流系数进行裂缝张开度的计算，而主要采用导流系数来进行计算；因此根据法国 BeicipFranlab 实验室在实验井中建立的裂缝导流能力(C)与裂缝张开度(b)的关系进行裂缝参数的解释(式 7-1)。

$$C = \frac{0.987 \times 10^6 b^3}{12} \tag{7-1}$$

式中：C—裂缝导流系数，md·m；

　　　b—裂缝张开度，mm。

2)实例分析

新 10 井是中石化西南油气分公司在四川盆地川西坳陷中段孝泉—丰谷构造带七郎庙高点西南翼部署的一口深层预探井，该井于 2008 年 4 月 3 日完钻，7 月 11 日开井生产，7 月 17 日关井，2009 年 1 月 1 日重新开井生产；通过 Saphir 试井解释软件建立垂直压裂模型进行解释，试井分析基本数据表见表 7-1，压力恢复试井工作历史见图 7-1。

通过试井分析的半对数和双对数曲线分析可以看出(如图 7-2、图 7-3)，在双对数曲线上导数曲线前期偏离 45°线，具有变井储效应特征，压力导数曲线出现峰值，说明曲线受表皮效应影响；中期导数曲线偏离压力曲线，是该井射孔段裂缝发育的响应特征段；后期导数曲线呈蛇曲状，是双孔双渗特征的反映；双对数曲线上的这一变化表明该井筒附近适合具有变井储－裂缝有限传导－双孔拟稳定－无限大模型特征，因此基于该模型来进行解释。

表 7-1　X10 井基本数据表

参数名称	取值
试井开始日期	2008.7.17
井径/m	0.06985
油藏温度/℃	132.45
地层压力/MPa	80.1
天然气比重	0.575202
井口温度/℃	15
油管内径/m	0.076
储层厚度/m	154.26
油藏深度/m	4916
孔隙度/%	4.174

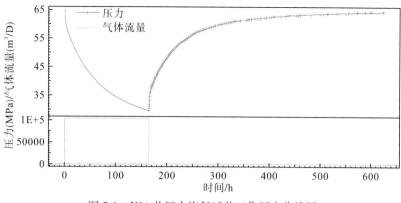

图 7-1　X10 井压力恢复试井工作历史曲线图

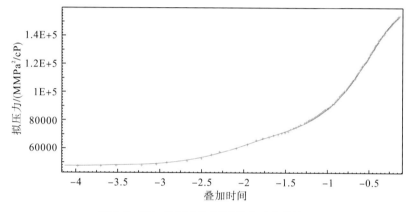

图 7-2　X10 井压力恢复试井半对数曲线图

基于变井储-裂缝有限传导-双孔拟稳定-无限大模型的压力恢复试井双对数曲线、半对数曲线的拟合结果见表 7-2，获得的 X10 井井筒附近地层裂缝导流能力为 19.1md·m，根据该导流能力通过公式（7-1）计算获得该井射孔段附近裂缝张开度为 0.061mm。

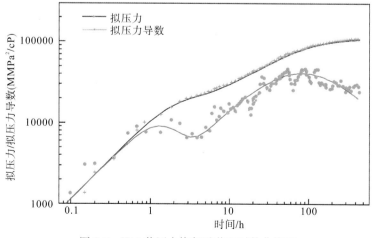

图 7-3　X10 井压力恢复试井双对数曲线图

表 7-2　X10 井单井压力恢复试井解释成果表

解释模型	井眼模型	变井储
	井模型	裂缝-有限传导
	油藏模型	双孔拟稳定
	边界模型	无限大
地层系数/(md·m)		1.11
弹性储能比(10⁻²)		5.65
裂缝串流系数(10⁻⁹)		80300
裂缝导流能力/(md·m)		19.1
井筒存储/(m³/MPa)		14.2

2. 基于生产资料的解释

1)原理

一口井在生产过程中,井筒附近在压力上表现为压力逐步降低和逐步向外扩散的过程,这一过程中压力信号的变化与试井分析一样可以反映地层中的各种地质信息,同样可以借鉴试井研究过程中的压力降落试井分析方法来对地层参数进行研究和分析。具体实现过程可以在垂直管流过程中将解释井井口油压换算为井底压力,然后通过生产历史的动态拟合,从而获得储层动态特征参数。其基本原理与压力恢复试井相似,所不同的只是压力降落试井分析中的拟压力为 $\Delta \Psi = \Psi_i - \Psi_{wf}$。这里主要针对具有双重介质的气藏特征,采用 Topaze 软件,选择相应的实际地质模型,进行生产历史数据的拟合获得井筒附近裂缝导流能力,然后同样利用公式(7-1)计算获得相应的裂缝张开度。

利用生产资料进行裂缝参数解释的关键是井底压力的换算,因此在分析时,对生产数据有如下要求。

(1)要求气井产水量较低,井底积液少,保证井口油套压反算井底真实流压的精度。

(2)由于 Topaze 软件进行生产动态解释具有多解性,因此要求单井无水生产期较长,使解释获得的参数更能合理地反映裂缝特征。

(3)针对气藏基质渗透性较差的条件下,一般气体比地层水在基质空间流动性好,地层水主要通过裂缝进行流动,因此当裂缝沟通较大边底水体时造成气井出水,如果出水井地层压力和裂缝导流能力变化较小时,可以将这种情况下的裂缝参数解释结果作为地层条件下裂缝动态响应参数。

2)实例分析

以新场构造轴部北东高点 L150 井为例,该井于 2006 年 6 月 9 日正式投产,至 2010 年 9 月 30 日该井产气量、油压、套压都没有明显变化,含水率在生产过程中有所上升但不明显,一直保持比较低的水平(如图 7-4),该井生产动态特征基本满足上述条件,因此可以根据其生产动态资料进行裂缝参数的解释。另外该井在生产过程中,井筒周围储层特征有所变化,其表皮系数有所降低;结合该井裂缝识别结果和生产特征,认为该井符合裂缝－有限传导－时间变化表皮系数－双孔拟稳定－圆形封闭边界模型。该井解释基本参数取值见表 7-3，拟合结果见图 7-5～图 7-7，L150 生产动态解释结果见图 7-4，该井附近地层中裂缝导流能力为 136md·m，按照公式（7-1）计算，对应裂缝张开度为 0.1182mm。

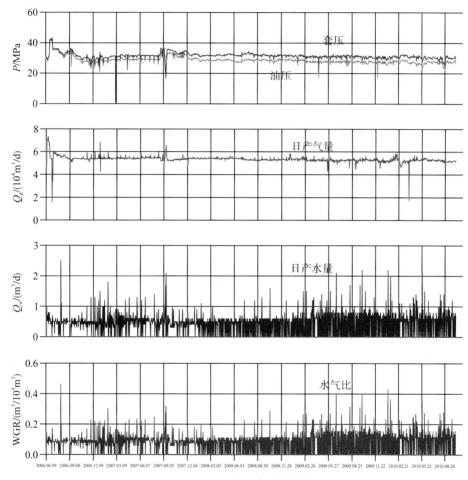

图 7-4　L150 井生产动态曲线

表 7-3　L150 井基本数据表

参数名称	取值
试井开始日期	2006.6.9
井径/m	0.0635
油藏温度/℃	128
地层压力/MPa	77.403
天然气比重	0.5724
井口温度/℃	15
油管内径/m	0.076
储层厚度/m	67.62

续表

参数名称	取值
油藏深度/m	4816
孔隙度/%	3.271

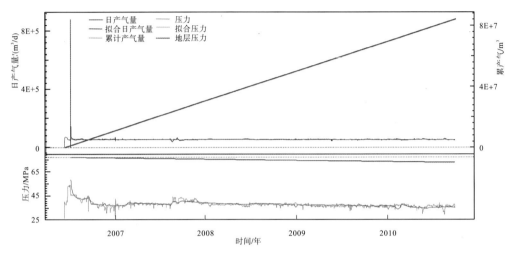

图 7-5　L150 井生产历史拟合拟合图

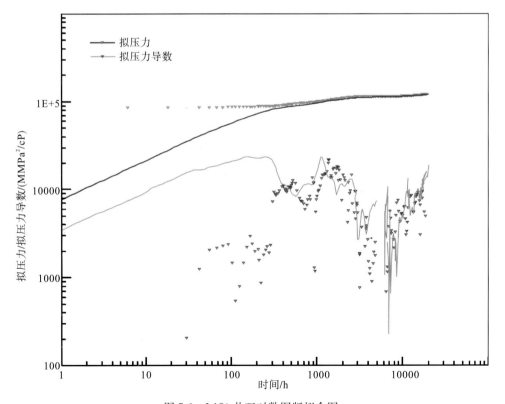

图 7-6　L150 井双对数图版拟合图

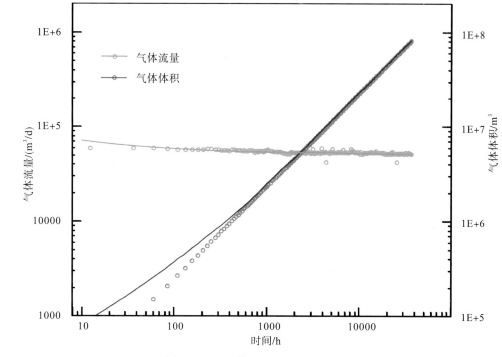

图 7-7 L150 井 fetkovich 图版拟合图

第二节 裂缝有效性参数的含义与校正

一、不同来源裂缝参数的含义及关系

从前文裂缝参数获取方法及对已有油气藏内裂缝参数计算结果的对比来看，不同方法对同一参数的获取结果相差甚远，如果对不同资料获取的裂缝参数具体含义不清必然导致应用上的混乱。通过对各类动静态资料获取的裂缝参数的分析认为，这些裂缝参数所反映的含义及关系主要表现在以下几个方面。

（1）根据岩心、野外露头测量、成像测井解释、裂缝导流实验所获取的裂缝参数是对某一条裂缝的具体刻画；而常规测井解释、试井分析、生产历史拟合、三维 CT 扫描是电信号、压力信号、X 射线信号对井筒附近、完整岩心内所有裂缝的综合反映，所获取的裂缝参数是对一个裂缝网络系统的综合反映。

（2）成像测井、常规测井、试井、生产历史等资料获取的裂缝参数是在地层条件下求取的；岩心、野外露头测量、三维 CT 扫描是在地表卸载条件下获取的；而裂缝导流实验是通过加载过程模拟地层条件来对裂缝参数进行实验测量的，但这种测量只能反映相对裂缝产状的某一个方向上的导流能力和裂缝参数。

（3）从上述各项参数的计算和测量原理来看，由生产动态资料（试井、生产历史数据）对产层段井筒附近裂缝网络系统裂缝参数的计算在数量级上符合生产动态，能与生产历史匹配，是井筒附近裂缝网络系统裂缝参数确定的最为有效的方法；成像测井是在地层条件下对井壁裂缝的直观反映，对单一裂缝参数的表征具有客观性。

(4)常规测井可以在地层条件下反映任意井段井筒附近裂缝参数，在对全井段以及纵横空间上裂缝有效性评价方面具有优势，因此可以分别利用生产动态和三维 CT 扫描资料对常规测井解释的裂缝张开度和孔隙度进行校正，作为裂缝有效性评价的基础。

基于上述对不同来源的裂缝参数的含义及关系的认识，我们应该根据对油气藏裂缝的具体研究来使用上述参数，避免参数计算和评价中的混乱。

二、成像测井解释裂缝有效参数校正与评价

成像测井测量的是井壁表面的裂缝张开度，与裂缝的真实张开度存在一定的误差，这在上文已经谈到；但在相同测井条件下，通过成像测井方法计算出的裂缝张开度，可以指示裂缝张开度的相对大小；因此在对成像测井中的有效裂缝进行识别和视张开度获取后可以通过一定的校正来获取更贴近地下真实裂缝的张开度。这一工作目前在国内的研究还相对较少，其中辽河油田设计了一套"成像测井微裂缝响应模拟实验装置"，通过该装置可以建立地层条件下井筒附近裂缝成像测井解释参数与真实参数之间的关系，从而对其进行校正；该装置实验及建立校正关系如下。

(1)建立微裂缝实验模型。模型根据真实地层构造特征采用不同岩性的岩石加工而成，使之能够反映井壁复杂的地质特征(如图7-8)；在建立地层裂缝岩石物理模型时包括的裂缝张开度分别为 0.2mm、0.6mm、0.8mm、1mm、1.5mm、2mm、5mm 数量级的7条水平微裂缝，以及裂缝张开度分别为 0.3mm、0.6mm、0.8mm、1mm 数量级的4条垂直微裂缝(如图7-9a)。

图 7-8　成像测井微裂缝响应模拟实验装置

（2）进行微裂缝成像测井模拟实验。通过模拟地层条件下的井周声波成像测井和微电阻率扫描成像测井，获取不同模拟井壁不同类型裂缝的成像影像特征（如图7-9b、c）。

（3）分析实验所获取的裂缝参数，并与裂缝实际参数进行对比，建立拟合校正关系。将多次电阻率成像测井测量所获取的裂缝张开度与实验模型所设计的实际裂缝张开度进行对比，拟合获得裂缝视张开度与地层中裂缝真实张开度的校正关系（式7-2、图7-10），其相关系数超过0.9。

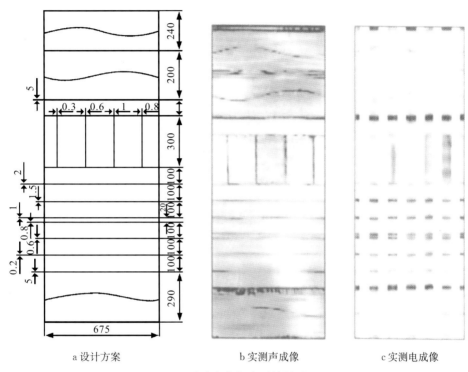

a 设计方案　　　　　　　b 实测声成像　　　　　　　c 实测电成像

图 7-9　设计方案与实测结果对比图

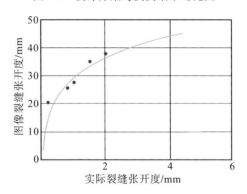

图 7-10　裂缝实际张开度与图像张开度关系图

$$y = 132.3 \mathrm{e}^{-\frac{1.51}{x^{0.243}}} \tag{7-2}$$

式中：x——实际裂缝张开度，mm；

　　　y——图像裂缝张开度（裂缝视张开度），mm。

通过实验发现上述关系在 y 取值小于 45mm 时，该关系较好，相关程度高，而该区间范围内正好是成像测井所解释的裂缝视张开度的主要分布范围，因此基于式(7-2)对成像测井所解释的裂缝视张开度进行校正是有实验根据的。

通过对新场气田须二气藏 14 口成像测井资料所识别的有效裂缝进行裂缝视张开度的读取，并按照公式(7-2)将其进行校正。从校正结果与视张开度的对比可以看出：校正前各井单条裂缝视张开度为 2.123～101.5mm，平均值为 12.95～28.19mm；校正后单条裂缝张开度为 0.0159～31.24mm，平均值为 0.1688～1.215mm；校正前后相差了一个数量级(见表 7-5)。对比动态资料对裂缝张开度的解释结果，成像测井裂缝视张开度的校正值与之基本相当，数量级一致。因此，认为成像测井解释裂缝视张开度值经过校正后基本上能比较客观地反映地层条件下的裂缝真实宽度值。

表 7-5　新场气田须二气藏成像测井计算裂缝张开度结果

层位	井号	裂缝视张开度/mm	裂缝校正宽度/mm
须二	L150	7.276～34.18(19.09)	0.06813～1.5697(0.4182)
	X3	5.703～28.01(13.62)	0.04889～0.6904(0.2003)
	X5	12.75～34.13(23.32)	0.1649～1.562(0.7097)
	X8	4.421～47.39(18.64)	0.03548～4.892(0.5672)
	X10	2.123～35.87(10.39)	0.01587～1.822(0.1688)
	X11	5.414～43.49(25.52)	0.03145～2.917(0.8907)
	X201	9.423～44.10(28.19)	0.08281～3.701(1.143)
	X202	9.659～38.58(20.19)	0.07529～2.307(0.4512)
	X203	3.170～85.07(26.75)	0.02417～15.40(1.215)
	X501	3.257～79.65(24.52)	0.024897～6.758(0.8948)
	CX560	4.909～31.08(12.95)	0.04037～1.187(0.19504)
	CX565	6.507～101.5(19.13)	0.05832～31.24(0.9361)
	X853	6.053～40.92(24.50)	0.05289～2.823(0.8632)
	X856	8.822～34.85(21.95)	0.09041～1.666(0.5857)

注：(＊)为裂缝张开度平均值

三、常规测井解释裂缝有效参数校正与评价

1. 裂缝张开度校正及评价

通过常规测井裂缝张开度的解释结果与成像测井解释裂缝张开度的校正值和动态资料计算的裂缝张开度对比，常规测井解释结果往往要小 1～2 个数量级(见表 7-6)，这里通过对比常规测井和成像测井及动态解释结果之间的关系来建立基于常规测井解释裂缝张开度的校正关系。

1)利用成像测井对常规测井解释结果的校正

通过对成像测井裂缝张开度解释结果的校正基本上能反应地层条件下的裂缝张开度，

且与动态解释结果也具有较好的吻合性。下面通过对新场气田须二气藏砂岩、泥岩内不同产状裂缝的统计，建立了不同岩性内不同产状常规测井解释裂缝张开度的校正关系[如图 7-11、图 7-12，式(7-3)~式(7-7)]，从砂岩、泥岩内不同产状常规测井解释裂缝张开度的校正关系来看，低角度裂缝张开度相对高，高角度裂缝张开度相对低。

表 7-6　新场气田须二气藏常规测井解释裂缝张开度及孔隙度结果表

井号	裂缝孔隙度/%	裂缝张开度/μm
CX560	0.00002963~21.02(0.3178)	0.00005936~651.1(5.711)
CX565	0.006012~19.78(1.357)	0.02697~559.2(21.24)
L150	0.008998~1.640(0.3035)	0.04532~20.74(3.325)
X3	0.002634~7.253(1.352)	0.01093~117.4(16.34)
X5	0.02851~55.19(0.4351)	0.2518~2277(6.799)
X6	0.009784~1.4305(0.2337)	0.03627~19.64(2.272)
X7	0.0000304~3.3306(0.4219)	0.00004595~62.46(5.360)
X8	0.0003545~5.133(0.6970)	0.001033~96.20(8.639)
X101	0.003379~90.23(0.7513)	0.007991~1676.6(6.150)
X201	0.001425~1.196(0.1960)	0.004887~12.40(1.543)
X202	0.0001266~1.990(0.2105)	0.0003201~28.65(2.157)
X203	0.001541~3.406(0.3723)	0.005521~68.39(4.407)
X206	0.006342~88.14(0.3838)	0.02304~3245(5.887)
X501	0.001097~1.565(0.1918)	0.003560~23.10(1.926)
X851	0.1013~1.679(0.5405)	0.9459~29.51(7.988)
X856	0.0001102~0.8104(0.1858)	0.09691~7.507(8.844)

注：(＊)为裂缝孔隙度、张开度平均值。

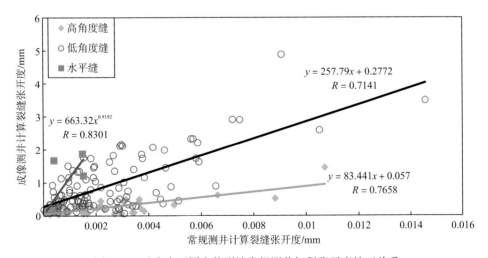

图 7-11　砂岩内不同产状裂缝常规测井解释张开度校正关系

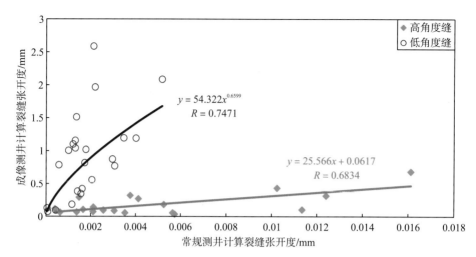

图 7-12   泥岩内不同产状裂缝常规测井解释张开度校正关系

砂岩高角度缝：$y = 83.441x + 0.057$ (7-3)

砂岩低角度缝：$y = 257.79x + 0.2772$ (7-4)

砂岩水平缝：$y = 663.32x^{0.9192}$ (7-5)

泥岩高角度缝：$y = 25.566x + 0.0617$ (7-6)

泥岩低角度缝：$y = 54.322x^{0.6599}$ (7-7)

式中：y—成像测井解释裂缝张开度，mm；

　　　x—常规测井解释裂缝张开度，mm。

2)基于动态资料解释结果对常规测井解释裂缝张开度的校正

常规测井所反应井筒附近裂缝参数与成像测井不同，它是井筒附近所有可能的有效裂缝在常规测井电性特征上的响应，因此也应该是某一测点处井筒周围所有有效裂缝的综合响应；这一点与动态资料对裂缝的响应特征具有相似性，因此利用动态资料对其进行校正更具合理性。下面根据新场气田须二气藏5口井测试层段(生产层段)常规测井解释裂缝张开度与生产动态资料所获得的裂缝张开度进行统计，二者之间呈现良好的对数关系，相关系数可以达到0.8484(式7-8、图7-13)；因此认为通过式(7-8)对常规测井解释裂缝张开度进行校正后可以反映井筒附近裂缝张开度的综合响应结果，比单纯考虑某一条裂缝张开度更具有意义。

$$y = 0.0351\ln(x) + 0.3028 \tag{7-8}$$

式中：y—生产动态资料解释裂缝张开度，mm；

　　　x—常规测井解释裂缝张开度，mm。

由于动态资料对裂缝参数的解释与常规测井对裂缝参数的解释均是对测点附近裂缝网络系统综合响应的结果，因此这里采用生产动态解释结果对常规测井解释裂缝张开度参数进行校正。通过对剩余新场气田须二气藏20口井裂缝张开度进行解释和校正，校正后的裂缝张开度数量级为0.1mm，与生产动态资料所解释的井筒附近裂缝综合宽度一致(见表7-7)，可用于裂缝有效性、参数等的评价工作，同时也可以此为基础建立研究工区内裂缝参数场，为气藏动态分析、油藏工程研究、数值模拟等工作提供裂缝基础数据。

此外，根据裂缝导流能力实验，各级闭合应力下测量的裂缝导流能力数据及张开度计算结果见表7-8，从表中可以看出，裂缝张开度的量级在0.01~0.1mm，且主要集中在0.1mm数量级，这与生产动态资料等反映的裂缝张开度参数在量级上也是相同的。

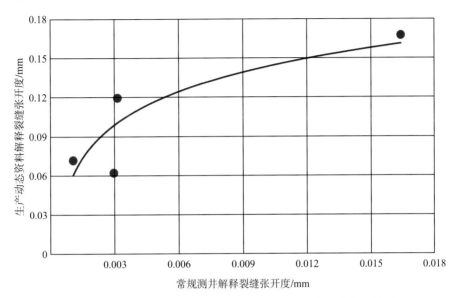

图 7-13　基于生产动态资料对常规测井解释裂缝张开度校正关系

表 7-7　新场气田须二气藏常规测井解释裂缝孔隙度及宽度校正结果

井号	裂缝孔隙度/％	裂缝张开度/mm
CK1	0.0095~15.16(1.13)	0.0008~2.0661(0.1193)
CX560	0.00002963~21.02(0.32)	0.0266~3.8197(0.0921)
CX565	0.006012~19.78(1.36)	0.0002~3.2902(0.1800)
L150	0.008998~1.640(0.30)	0.0084~0.1894(0.0830)
X2	0~10.09718(0.94)	0.0016~0.1070(0.0837)
X3	0.002634~7.253(1.35)	0.0293~0.7461(0.1599)
X5	0.02851~55.19(0.44)	0.0715~0.8296(0.1010)
X6	0.009784~1.4305(0.23)	0.0473~0.1831(0.0827)
X7	0.0000304~3.3306(0.42)	0.0521~0.4297(0.1004)
X8	0.0003545~5.133(0.70)	0.0017~0.6240(0.1136)
X10	0.001003~6.201132(0.53)	0.0001~430.4298(0.2432)
X11	0.0001106~3.226(0.79)	0.0001~12.9758(0.1165)
X101	0.003379~90.23(0.75)	0.0109~113.8017(0.8329)
X201	0.001425~1.196(0.20)	0.0157~0.1414(0.0784)
X202	0.0001266~1.990(0.21)	0.0031~1.2406(0.0790)

井号	裂缝孔隙度/%	裂缝张开度/mm
X203	0.001541~3.406(0.37)	0.0003~0.4639(0.0921)
X206	0.006342~88.14(0.38)	0.0247~27.4467(0.1271)
X501	0.001097~1.565(0.19)	0.0023~0.2030(0.0784)
X851	0.1013~1.679(0.54)	0.0177~0.2400(0.0884)
X856	0.0001102~0.8104(0.19)	0.0706~0.1132(0.075)

注：(＊)为裂缝孔隙度、张开度平均值。

表7-8　新场气田须二段岩心不同闭合压力下的裂缝导流能力测试及张开度计算结果

岩心编号	10MPa		60MPa		70MPa	
	裂缝平均导流能力/($\mu m^2 \cdot cm$)	裂缝张开度/mm	裂缝平均导流能力/($\mu m^2 \cdot cm$)	裂缝张开度/mm	裂缝平均导流能力/($\mu m^2 \cdot cm$)	裂缝张开度/mm
X101井 2-15/19	19.76	0.1339	9.62	0.1054	8.7	0.1019
XC7井 3-4/79	11.73	0.1126	7.96	0.0989	7.43	0.0967
XC7井 3-70/79	15.18	0.1227	12.33	0.1144	11.47	0.1117
XC12井 2-10/23	8.1	0.0995	2.89	0.0706	1.86	0.0609
XC12井 2-16/23	16.33	0.1257	9.41	0.1046	8.84	0.1024
XC501井 1-7/55	14.3	0.1202	10.02	0.1068	10.07	0.1070

2. 裂缝孔隙度校正及评价

基于比较规则的物理模型，通过岩电关系建立的常规测井裂缝孔隙度参数解释模型计算的裂缝孔隙度参数与地层条件下实际结果的对比和吻合情况目前还不清楚，如何对其进行校正和评价也是目前的一个研究难题。这里提供了以岩心样品三维CT扫描资料对常规测井解释裂缝张开度进行校正。岩心样品三维CT扫描基本原理是：CT机内X射线管产生的X射线束从多个方向沿着某个选定的裂缝层面进行照射，通过测定透过的X射线量数字化后，经过计算得出该层面组织各单位体积的吸收系数，这些吸收系数可构成不同的数字矩阵。通过高速计算机进行数模转换，可以在屏幕上显示出或拍成三维可视化照片（如图7-14），并可从三维图像看出裂缝的三维分布（如图7-14、图7-15），重建的图像还能够给出每个像素X射线的衰减系数。

对于图像给出的每个像素X射线衰减系数(μ)的数值，即单位体积元的X射线衰减系数，通常换算成CT值(CTN)来表示，CT值与X射线衰减系数的关系为：

$$CTN = \frac{\mu_{物} - \mu_{水}}{\mu_{水}} \times 1000 \tag{7-9}$$

式中：$\mu_{物}$、$\mu_{水}$——分别为物体和水的X射线衰减系数，水的CTN为0，由于在空气中X射线几乎没有衰减，所以空气的CTN为-1000。

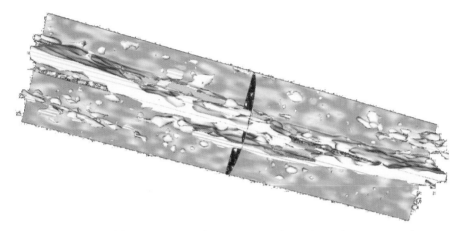

图 7-14 X5 井须二 5024.32m 岩心 1 三维 CT 扫描裂缝形态图($\Phi \geqslant 4.4\%$)

图 7-15 X5 井须二 5024.32m 岩心 2 三维 CT 扫描裂缝形态图($\Phi \geqslant 8.9\%$)

通过对新场气田 X5、X8、X201 井 5 个含裂缝样品进行三维 CT 扫描分析表明：岩心裂缝孔隙度介于 $0.11\% \sim 1.13\%$，平均 0.47%，与氦气法孔隙度相比裂缝孔隙度占总孔隙度的 $2.34\% \sim 12.43\%$，平均 8.26%（见表 7-9）。

表 7-9　三维 CT 扫描裂缝孔隙度及氦气法总孔隙度对比表

井号	井深/m	$\Phi_{裂缝}/\%$	$\Phi_{氦孔}/\%$	$\Phi_{裂缝}/\Phi_{氦孔}/\%$
X201	4918.75	0.24	2.8	8.57
XC8	5005.7	0.59	6.2	9.52
	4971.69	1.13	9.1	12.42
X5	4931.55	0.11	4.7	2.34
	5024.32	0.27	3.2	8.44
平均值		0.47	5.2	8.26

根据分析三维 CT 扫描解释裂缝孔隙度结果与常规测井解释裂缝孔隙度的相关性分析，可获得如下校正关系（式 7-10、图 7-16）。

$$y = 1.022x^2 - 1.140x + 0.528 \tag{7-10}$$

式中：y—CT 扫描资料解释裂缝孔隙度，%；

x—常规测井解释裂缝孔隙度，%。

基于公式(7-10)建立的常规测井解释的裂缝张开度校正公式对新场气田须二气藏测井资料计算孔隙度的校正结果见表 7-7，校正后的裂缝孔隙度一般在 2% 以下，个别井段因其他因素出现裂缝孔隙度异常高值，异常低值段对应所解释的裂缝欠发育段，校正后的裂缝孔隙度分布为 0.2%～1.3%。

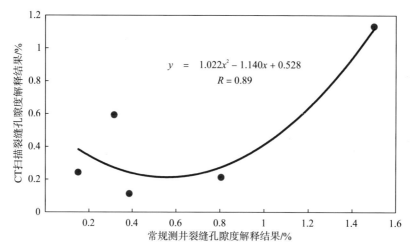

图 7-16　基于 CT 扫描资料对常规测井裂缝孔隙度解释结果校正关系

3. 裂缝渗透率计算及评价

　　井筒附近裂缝渗透率也应该是一个反应井筒附近各类裂缝对渗流的综合效应。1987年谭廷栋在《裂缝性油藏测井解释模型及评价方法》一书中，基于实际物理模拟对裂缝孔隙度、渗透率与宽度的相关性之间的统计和分析建立了三者之间的关系(式 7-11)。

$$K_f = \frac{4.16 \times \varphi_f \times b}{10^4} \tag{7-11}$$

式中：K_f—裂缝渗透率，μm^2；

　　　　φ_f—裂缝孔隙度，%；

　　　　b—裂缝张开度，μm。

　　基于前面所解释和校正过的裂缝孔隙度、张开度，利用公式(7-11)对新场气田须二气藏钻井裂缝渗透率进行计算，计算结果表明：裂缝渗透率主要分布于 0.9～12 μm^2，数量级为 1～10 μm^2(见表 7-10)，该结果与室内实验模拟结果基本吻合。

表 7-10　新场气田须二段裂缝渗透率解释结果表

井号	裂缝渗透率/μm^2
CK1	0.6632～98.5261(6.9872)
CX560	0.7332～82.7902(1.3116)
CX565	0.7916～80.6512(12.0820)
L150	0.7915～20.9989(1.0942)
X2	0.8733～1.1992(0.9610)
X3	0.7394～98.7067(14.2195)
X5	0.6509～86.5715(1.7923)
X6	0.8496～13.0535(1.1801)

井号	裂缝渗透率/μm²
X7	0.7804～109.6800(4.6312)
X8	0.0847～64.0828(5.2055)
X10	0.7116～103.6839(3.2805)
X11	0.7637～92.7983(5.4372)
X101	0.6418～92.4024(2.0543)
X201	0.7752～5.2147(0.9027)
X202	0.7526～45.9551(1.3537)
X203	0.5016～110.9791(2.0910)
X206	0.0731～21.0254(0.9686)
X501	0.8073～21.3789(0.9962)
X851	0.7721～35.8247(1.1330)
X856	0.5038～1.5615(0.8465)

注：(＊)为裂缝渗透率平均值。

第三节　裂缝有效性的评价

一、有效性评价指标建立

裂缝有效性评价应该从油气藏的形成和开发角度出发，前文也论述了裂缝有效性评价应以一个地质单元内裂缝网络系统作为评价对象，单一裂缝的有效性不代表该地质单元内裂缝网络的有效性。

这里以井筒附近为对象建立裂缝网络有效性定量表征指标，根据裂缝有效性评价要求，常常需要对某一井点和某一井段的裂缝有效性进行评价。对于某一井点裂缝有效性的评价，可直接利用该点常规测井计算校正后的裂缝有效性参数来进行；而对于一个井段附近裂缝网络有效性的评价，需通过该井段各个测点裂缝参数的分布特征来进行。图7-17中 I_A、I_B 两种分布模式代表的是有效性差的裂缝网络系统，其中 I_A 型代表了所有不同张开度的裂缝总频数很低，即该裂缝网络有效裂缝发育程度低，而 I_B 型代表了该裂缝网络中有效裂缝主要以低张开度裂缝为主，且有效裂缝发育程度不高；II_A 型不同张开度裂缝的频数较 I_A 型高，呈近似正态分布，裂缝网络中有效裂缝发育程度中等，II_B 型虽然有效裂缝发育程度接近 I_B 型，但主峰值对应裂缝张开度大，因此该裂缝网络有效程度也达到中等；III_A 型裂缝网络有效裂缝发育程度最高，呈近似正态分布，III_B 型有效裂缝发育程度相对高，且主峰值区间分布的有效裂缝张开程度大，故 III_A 型和 III_B 型代表了裂缝网络有效性最好的两种分布形态。

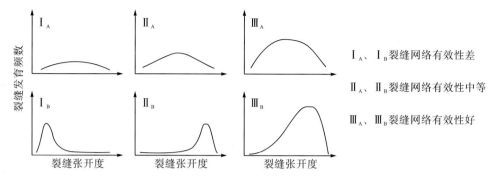

图 7-17　裂缝网络系统有效性与裂缝张开度分布特征关系

按照上述裂缝参数分布形态与裂缝网络有效性的关系可知：一个裂缝网络的有效性取决于该网络中有效裂缝发育的数量和有效裂缝整体的张开程度，因此基于裂缝张开度的分布建立了裂缝有效性定量表征指标(Y_b)。

$$Y_b = A \times \overline{B} = \frac{1}{k} \int_{b_{\min}}^{b_{\max}} f(b) \times \sum_{i=1}^{k} \xi_{bi} \tag{7-12}$$

式中：Y_b—裂缝有效性定量表征指标，mm；

　　　　A—井段各测点常规测井解释裂缝张开度频数分布曲线与横坐标之间的无量纲面积；

　　　　$\overline{B}$—井段上各测点附近裂缝网络系统裂缝张开度的平均值，mm；

　　　　$f(b)$—裂缝张开度频数分布函数；

　　　　$b_{\min}$—井段各测点裂缝最小张开度，mm；

　　　　$b_{\max}$—井段各测点裂缝最大张开度，mm；

　　　　k—井段上有效测点数；

　　　　ξ_{bi}—井段各测点附近裂缝网络系统裂缝张开度，mm。

对应上述指标的建立需做三点说明：①公式中井段上有效测点是依据有效裂缝的识别结果进行判断的，如某一测点判为非有效裂缝发育点则该测点为无效测点，反之为有效测点；井段上测点有效裂缝的判别可结合该井对应取心及成像测井建立识别模型（邓虎成等，2009）。②公式是基于裂缝张开度建立的有效性定量表征指标，将公式中裂缝张开度换为裂缝孔隙度和渗透率同样可以建立对应的有效性定量表征指标。③公式中面积计算在实际操作过程中可通过确定裂缝张开度区间采用微元法来简化积分计算。

上述定量表征指标在实际应用过程中，也可以通过计算井剖面裂缝有效张开度、孔隙度、渗透率峰值，确定评价层段的裂缝发育指数（有效性评价层段内基于常规测井解释的裂缝发育段厚度与评价层段厚度之比），从而通过计算裂缝有效宽度、孔隙度、渗透率峰值与评价层段裂缝发育指数各自乘积构成裂缝有效性宽度评价指数 Y_d（式 7-13）、裂缝有效性孔隙度评价指数 Y_Φ（式 7-14）、裂缝有效性渗透率评价指数 Y_k（式 7-15）。

$$Y_d = D_P \times Z \times \lambda_d \tag{7-13}$$

$$Y_\Phi = \Phi_P \times Z \times \lambda_\Phi \tag{7-14}$$

$$Y_k = K_P \times Z \times \lambda_k \tag{7-15}$$

式中：Y_d—裂缝有效性宽度评价指数，mm；

　　　　Y_Φ—裂缝有效性孔隙度评价指数，%；

Y_k—裂缝有效性渗透率评价指数，μm^2；

D_P—裂缝有效宽度分布峰值，mm；

Φ_P—裂缝孔隙度分布峰值，%；

K_P—裂缝渗透率分布峰值，μm^2；

Z—裂缝发育指数；

λ_d—裂缝有效性宽度评价指数校正系数，这里取值 100；

λ_Φ—裂缝有效性孔隙度评价指数校正系数，这里取值 10；

λ_k—裂缝有效性渗透率评价指数校正系数，这里取值 10。

按照上述裂缝有效性评价指标的构建，利用式(7-13)～式(7-15)对新场气田须二段整体有效性评价参数进行计算，计算结果见表 7-10。

表 7-10 新场气田须二段裂缝有效性评价参数计算表

井名	裂缝发育指数（Z）	裂缝有效张开度/mm			裂缝孔隙度/%			裂缝渗透率/μm^2		
		峰值（D_P）	分布频数	有效指数（Y_d）	峰值（Φ_P）	分布频数	有效指数（Y_Φ）	峰值（K_P）	分布频数	有效指数（Y_k）
X11	0.1313	0.098	1013	1.2871	0.31	2379	0.4071	0.92	1024	1.2083
X5	0.1178	0.102	2128	1.2020	0.3	3821	0.3535	1.25	2000	1.4731
X201	0.0658	0.082	2560	0.5398	0.32	2838	0.2107	0.93	1735	0.6122
CX560	0.0323	0.081	3324	0.2614	0.48	1905	0.1549	1.07	1306	0.3453
X3	0.1402	0.101	398	1.4156	0.31	1239	0.4345	0.92	352	1.2895
X10	0.0228	0.06	588	0.1366	0.33	283	0.0751	1.00	122	0.2276
X203	0.0779	0.088	1365	0.6853	0.31	2532	0.2414	1.00	1182	0.7788
X501	0.0431	0.081	2724	0.3490	0.37	2564	0.1594	1.00	2625	0.4309
L150	0.0387	0.08	1546	0.3095	0.32	1965	0.1238	1.00	1651	0.3868
X202	0.1917	0.08	2551	1.5336	0.43	1384	0.8243	1.10	1403	2.1087
X856	0.0803	0.081	1963	0.6504	0.33	1039	0.2650	0.76	328	0.6103
CK1	0.1847	0.12	1582	2.2163	0.3	2456	0.5541	0.82	746	1.5144
X101	0.1122	0.103	1946	1.1561	0.32	3486	0.3592	0.81	1133	0.9092
X206	0.0364	0.098	2071	0.3566	0.3	3004	0.1091	0.92	2061	0.3347
X851	0.1094	0.099	904	1.0827	0.3	1405	0.3281	0.99	1002	1.0827
X6	0.0259	0.081	2711	0.2100	0.31	3032	0.0804	1.25	1046	0.3241
X7	0.0624	0.08	1591	0.4988	0.33	2198	0.2058	0.97	1382	0.6048
CX565	0.1323	0.1	496	1.3233	0.33	1364	0.4367	0.98	464	1.2968
X8	0.2363	0.083	1126	1.9614	0.32	2021	0.7562	1.00	846	2.3632

二、裂缝有效性与其组系和产状的关系

根据新场气田须二气藏成像测井裂缝解释与有效性评价结果来对裂缝有效性与组系和产状之间关系进行分析，以及对 14 口成像测井所解释的裂缝张开度按照裂缝的产状和组系分别进行统计，按照裂缝产状(近水平裂缝、低角度斜交裂缝、高角度斜交裂缝、垂直裂缝)统计结果表明：水平裂缝张开度主峰值为 0.2mm，次主峰值为 1.2mm，但该组系裂缝在 14 口成像测井有效裂缝中的统计总频数为 51，0.2mm 主峰值和 1.2mm 次主峰值统计频数分别为 13 和 4，因此该组系裂缝的有效张开度虽然较大，但受该组系有效裂缝发育程度较低的影响，其对整个裂缝系统有效性的贡献较小(如图 7-18)；低角度斜交裂缝主峰值在 0.3mm 左右，且存在 1.2mm 和大于 2mm 的次主峰值，0.3mm 主峰值频数分布曲线与横坐标包络面积大，该产状裂缝统计总频数为 773，主峰值统计频数为104，因此该产状裂缝有效性高，对整个裂缝系统有效性的贡献大(如图 7-19)；高角度裂缝统计主峰值为 0.18mm，整个统计主要分布在 0.8mm 以下，高角度裂缝统计总频数为277，对整个裂缝系统有效性的贡献小于低角度斜交裂缝(如图 7-20)；新场气田须二气藏垂直有效裂缝发育程度低，统计总频率仅为 92，且主要集中在张开度小于 0.3mm 的分布区间内，因此垂直裂缝在整个裂缝网络系统中有效性的贡献相对较小(如图 7-21)。统计对比综合认为，新场气田须二气藏裂缝有效性最好的为低角度斜交裂缝，其次为高角度斜交裂缝，近水平和垂直裂缝因有效裂缝发育程度低、裂缝有效张开度小而对整个裂缝网络有效性贡献较小。

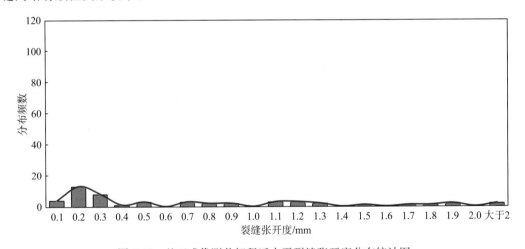

图 7-18　基于成像测井解释近水平裂缝张开度分布统计图

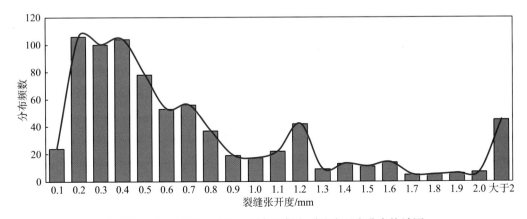

图 7-19　基于成像测井解释低角度斜交裂缝张开度分布统计图

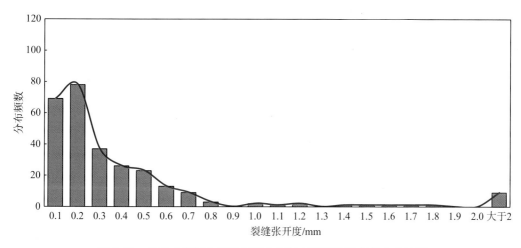

图 7-20 基于成像测井解释近高角度斜交裂缝张开度分布统计图

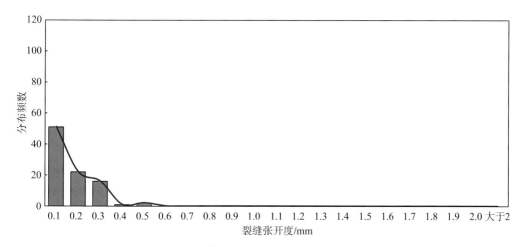

图 7-21 基于成像测井解释垂直裂缝张开度分布统计图

从裂缝组系的统计来看：裂缝有效性综合表现最高的为东西向组系裂缝，该组系裂缝张开度主峰值为 0.22mm，次主峰值为 0.5mm，大于等于主峰值的统计频数为 369（如图 7-22）；北东组系裂缝张开度主峰值为 0.2mm、0.4mm，大于等于主峰值的统计频数为 302，其有效性略次于东西组系裂缝系统（如图 7-23）；北西组系和近南北组系两组裂缝张开度主要分布在 0.8mm 以内，且主峰值小于 0.1mm，这两组裂缝的统计总频数分别为 210、246，有效裂缝的发育程度不如前面两个组系裂缝，因此认为在裂缝有效性上，北西组系和近南北组系不是主要的（如图 7-24、图 7-25）。

利用式(7-12)建立的裂缝有效性评价指标，基于新场气田须二气藏 14 口钻井常规测井和成像测井资料对裂缝的识别、产状及组系的判别以及裂缝张开度，按照组系统计了所有井有效测点的裂缝张开度（如图 7-26）；统计结果表明 EW 组系裂缝 Y_b 值为 150.4mm、NW 组系裂缝 Y_b 值为 55.2mm、EW 组系裂缝 Y_b 值为 31.7mm、SN 组系裂缝 Y_b 值为 24.0mm。对比各组系裂缝有效性定量表征指标，EW 向组系裂缝有效性最好，是整个裂缝网络有效性的主要部分，这与野外调查、岩心观察和成像测井裂缝解释统计结果具有一致性。另外据新场气田现今地应力场的认识，EW 方向水平主应力为最大主应力，SN 向水平主应力为最小主应力，垂向主应力为中间主应力；现今主应力状态和裂缝组系之间的配置关系也表明了裂缝有效性评价结果的合理性（如图 7-26）。采用不同组系裂缝有效性定量表征指标不仅实现了各组系裂缝有效性的对比，同时也定量地表征了各组系裂缝有效程度以及在整个裂缝网络系统中对有效性的贡献量。

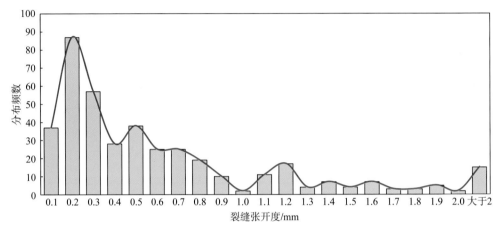

图 7-22　基于成像测井解释东西组系裂缝张开度分布统计图

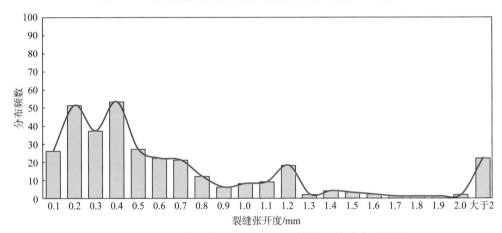

图 7-23　基于成像测井解释北东组系裂缝张开度分布统计图

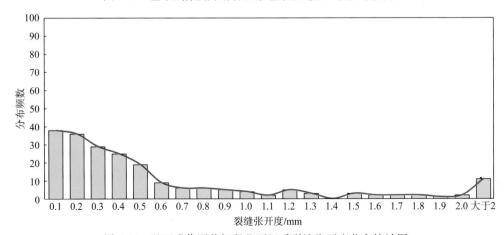

图 7-24　基于成像测井解释北西组系裂缝张开度分布统计图

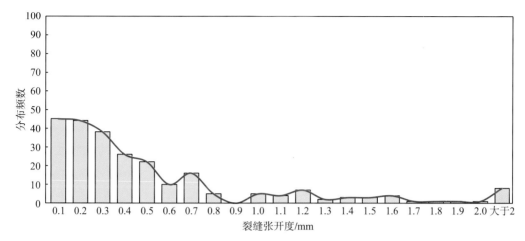

图 7-25　基于成像测井解释近南北组系裂缝张开度分布统计图

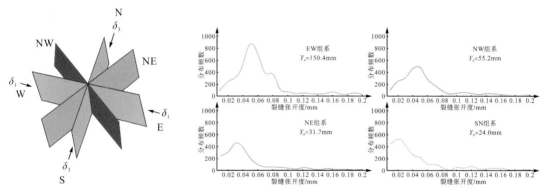

图 7-26　不同组系裂缝有效性评价结果与现今地应力场之间的关系

三、裂缝纵向层段上的有效性评价

由于裂缝渗透率的计算中已考虑裂了缝张开度和孔隙度，因此该参数适合对裂缝有效性进行评价，这里通过新场气田须二段各小层裂缝渗透率的分布来对比各小层裂缝有效性的差异性。根据各小层裂缝渗透率的分布来看（如图 7-27～图 7-35）：$T_3x_2^2$～$T_3x_2^6$ 这 5 个小层的裂缝渗透率分布具有相似性，主峰值均为 $1\mu m^2$ 左右；而 $T_3x_2^1$ 的主峰值为 $1\mu m^2$、次主峰值为 $0.7\mu m^2$，其有效性较 $T_3x_2^2$～$T_3x_2^6$ 小层差；$T_3x_2^7$、$T_3x_2^8$ 两个小层与 $T_3x_2^2$～$T_3x_2^6$ 小层具有相似性，所不同在于大于主峰值区间分布相对少，其有效性与 $T_3x_2^2$～$T_3x_2^6$ 小层基本相当；$T_3x_2^9$ 小层主峰值为 $0.82\mu m^2$，该层主峰值虽然比 $T_3x_2^2$～ $T_3x_2^6$ 小层低，但该层渗透率分布大于主峰值的分布更大。

综合上述各层段裂缝渗透率的分布来看，在纵向上裂缝有效性多数层段具有相似性，除 $T_3x_2^1$ 与 $T_3x_2^9$ 分布与之差异较大，分析认为这两层正好处于地层分界处，因其受力环境存在差异所致。

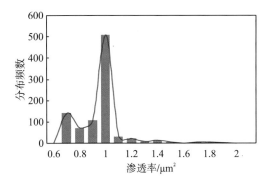

图 7-27　$T_3 x_2^1$ 小层裂缝渗透率分布图

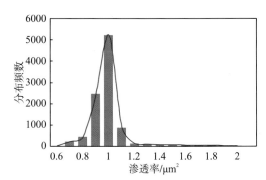

图 7-28　$T_3 x_2^2$ 小层裂缝渗透率分布图

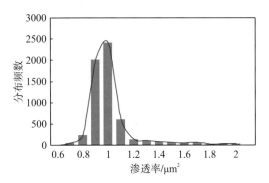

图 7-29　$T_3 x_2^3$ 小层裂缝渗透率分布图

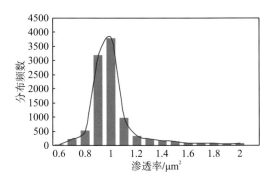

图 7-30　$T_3 x_2^4$ 小层裂缝渗透率分布图

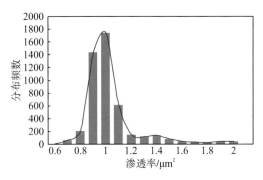

图 7-31　$T_3 x_2^5$ 小层裂缝渗透率分布图

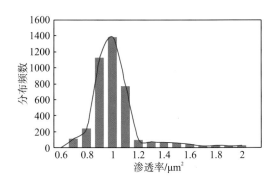

图 7-32　$T_3 x_2^6$ 小层裂缝渗透率分布图

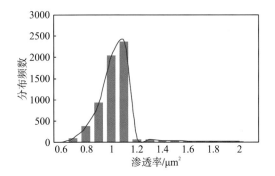

图 7-33　$T_3 x_2^7$ 小层裂缝渗透率分布图

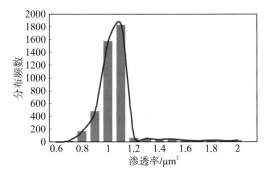

图 7-34　$T_3 x_2^8$ 小层裂缝渗透率分布图

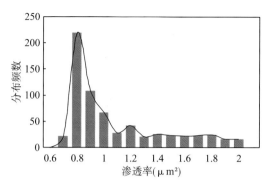

图 7-35　$T_3x_2{}^9$ 小层裂缝渗透率分布图

四、裂缝平面上的有效性评价

通过对新场气田须二气藏 20 口单井解释的裂缝张开度、孔隙度、渗透率等进行统计，对其分布的平面变化进行了研究（如图 7-36～图 7-38）。

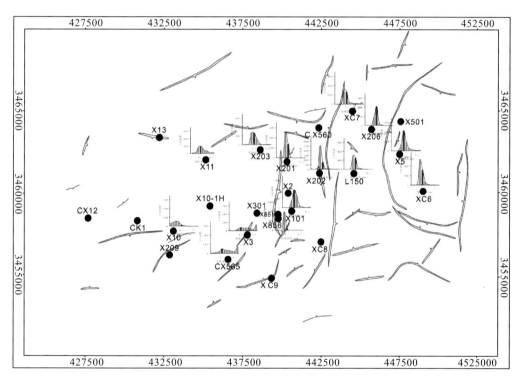

图 7-36　新场气田须二段裂缝张开度分布平面变化图

根据上述三个参数分布的主峰值及各井的裂缝发育指数计算结果，利用式(7-13)～式(7-15)计算每口井的裂缝有效性评价指标，并依据该指数在平面上的变化来分析平面上裂缝有效性的变化。图 7-39 中裂缝有效性张开度评价指数、孔隙度评价指数、渗透率评价指数的分布表明，断层附近 CK1、CX565、X3、X8、X202 等井裂缝有效性最好，而远离断层的 X203、X6、L150 等井裂缝有效性相对较低，这些井的有效性与断层关系密切（如图 7-40），另外 CX560、X10 两井位于断层末梢，构造变形弱，裂缝有效性相对较差。因此新场气田须二气藏裂缝有效性在平面上主要受断层控制，其次与构造变形有关。

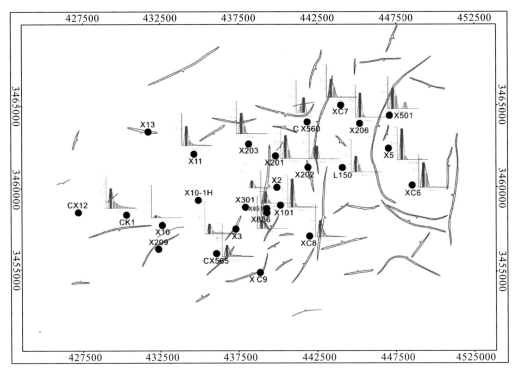

图 7-37 新场气田须二段裂缝孔隙度分布平面变化图

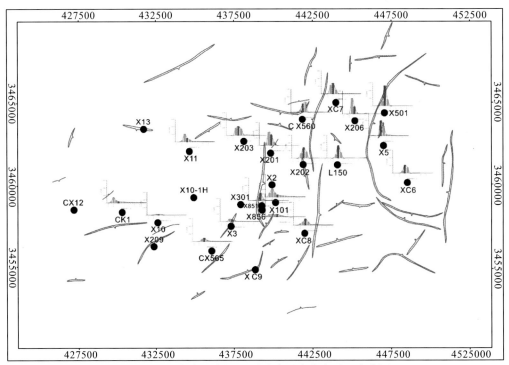

图 7-38 新场气田须二段裂缝渗透率分布平面变化图

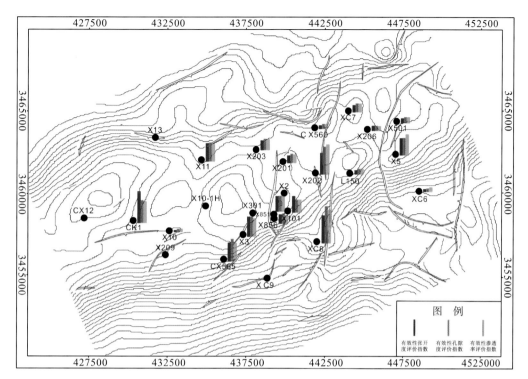

图 7-39 新场气田须二段裂缝有效性综合评价图

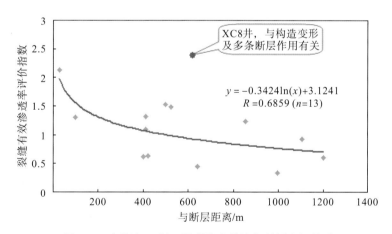

图 7-40 新场气田须二段裂缝有效性与断层之间关系

第八章　裂缝评价结果的应用

第一节　勘探目标优选与建议

一、鄂尔多斯盆地红河油田长 9 油藏勘探目标优选与建议

1. 油气富集的主控因素

1) 断裂系统对油气富集的控制

断层共生及派生裂缝是该区裂缝的主要成因之一，是油气输导体系的重要组成部分。前文中相关论述表明该区长 9 油层组裂缝发育情况与该区的断层发育关系密切，该区块长 9 的油气富集区和油气显示钻井均分布于断层附近(如图 8-1)；因此认为纵向上贯穿整个延长组的断裂系统在油气富集过程中作为重要的油气运移输导通道，为烃源岩生烃排油或沟通相邻储集层起到了重要作用。

2) 烃源岩分布对油气富集的控制

优质烃源岩的发育与否是油气富集的基础。该区上覆长 7 油层组提供主力烃源岩，断裂的发育为油气从长 7 油层组运移至长 9 油层组提供了良好条件，因此长 9 油层组储集砂体油气富集受控于长 7 油层组烃源岩的生烃、排烃和充注。统计表明：长 7 油层组优质烃源岩的分布与长 8、长 9 油层组油气显示及油气测试相吻合，且断裂附近是油气显示与测试获产的集中分布区(如图 8-1)，表明了长 7 优质烃源岩与断裂的配置共同控制了长 8、长 9 油层组油气的富集。

3) 长 8、长 9 油层组砂体分布对油气富集的控制

低孔、低渗的岩性油气藏的聚集成藏过程中，砂体发育是油气聚集成藏的必备条件。根据研究区油气显示结果和长 8、长 9 油层组砂体的分布可见：在长 9 油层组有良好油气显示的地区，其长 9 油层组砂体发育，长 8 油层组砂体欠发育，且油气显示良好的井均分布在断层附近，因此油气富集受到了断裂及长 8、长 9 油层组砂体叠置关系的控制(如图 8-2、图 8-3)。

4) 长 9 油层组油气富集模式

综合考虑断裂系统、烃源岩、砂体叠置因素构建了长 9 油层组油气富集模式。长 9 油藏成藏过程中通过各种疏导条件的组合，如断裂系统+砂体叠置、断裂系统+裂缝系统、源储接触+砂体叠置、源储接触+裂缝系统、砂体叠置+裂缝系统，甚至断裂系统+裂缝系统+砂体叠置等构成纵横向沟通的复杂输导网络；在这种疏导体系下保证了鄂尔多斯盆地红河油田长 9 油层组储集砂体油气的富集(如图 8-4)。

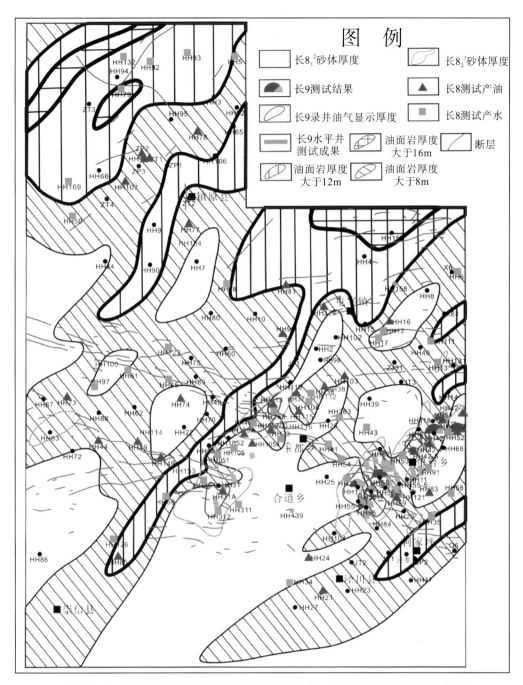

图 8-1 红河油田长 7 油层组烃源岩与断层及长 8、长 9 油层组油气显示分布图

图 8-4 中从西至东烃源岩逐渐发育，图中的断裂系统分别展示了长 9 油层组砂体油气不同的聚集过程。长 9 油层组要获得油气充注应满足的条件，一是长 7 油层组生烃后的运移动力应大于油气进入长 9 油层组砂体所需浮力和毛管压力之和；二是长 7 油层组生烃排烃后充注长 8 油层组砂体后仍有剩余，即 $P_{排} > P_{浮(长9)} + Pc_{(长9)}$；$V_{排(长7)} - V_{充(长8)} > 0$。

从图 8-4 可看出，成藏模式中①显示的是断裂系统贯穿长 8、长 9 油层组，但由于生烃不够，长 8 油层组砂体获得油气充注之后，没有多余油气充注长 9 油层组的砂体。当长 8 油层组砂体靠近烃源岩，又发育有裂缝时，长 8 油层组砂体可直接获得如图中②所示的油气充注。当有裂缝系统沟通长 8、长 9 油层组砂体又满足以上油气富集条件时，油气运移至长 8 油层组砂体并有多余油气时，会继续向下运移使长 9 油层组砂体获得如图中③所示的油气充注。图中④显示的是，虽然油源充足又发育有裂缝，但断裂系统未贯穿长 9 油层组，长 8 油层组砂体获得油气后虽有剩余，但没有通道使油气运移至长 9 油层组。图中⑤虽满足条件，但由于长 9 油层组砂体非常致密，油气未能克服阻力进入该砂体，当长 8 油层组邻近砂体发育时，可通过裂缝系统从邻近砂体获得油气。图中⑥的长 8 油层组砂体毗邻烃源岩，虽有裂缝沟通但砂体致密油气不能进入。图中⑦为油源最为充足的地方，断裂系统贯穿了整个延长组，也满足长 9 油层组油气富集的条件，在油气经过长 8 油层组砂体时，由于砂体致密未能进入该砂体，运移至长 9 油层组，因此储层条件好而获得充足的油气充注。

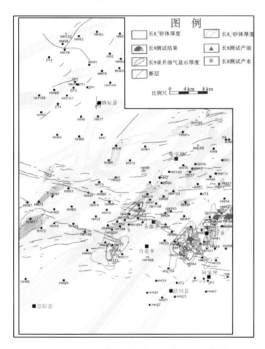

图 8-2　长 8 砂体、断裂及油气显示分布图

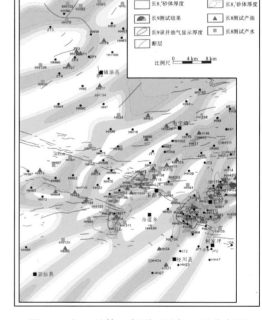

图 8-3　长 9 砂体、断裂及油气显示分布图

红河油田长 9 油层组砂体的油气充注与富集正是以上不同组合构成的油气聚集模式的结果，总结起来长 9 油层组的油气富集应满足以下标准。

(1)长 7 油层组烃源岩的发育及向下排烃是基础。

(2)油气生烃被长 8 油层组补集后的剩余量是长 9 油层组砂体油气富集的条件。

(3)断裂带的疏导沟通是长 7 油层组烃源岩生烃向下运移的关键。

(4)排烃运移动力克服浮力与长 9 油层组砂体毛管力需具备剩余动力。

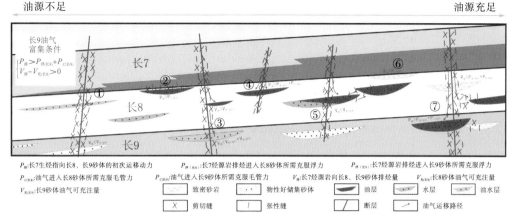

油源不足　　　　　　　　　　　　　　　　　　　　　　　　　　　　　　　　　　油源充足

$P_推$:长7生烃指向长8、长9砂体的初次运移动力　　$P_浮(长8)$:长7烃源岩排烃进入长8砂体所需克服浮力　　$P_浮(长9)$:长7烃源岩排烃进入长9砂体所需克服浮力

$P_{C(长8)}$:油气进入长8砂体所需克服毛管力　　$P_{C(长9)}$:油气进入长9砂体所需克服毛管力　　$V_排$:长7烃源岩向长8、长9砂体排烃量　　$V_{充(长8)}$:长8砂体油气可充注量

$V_{充(长9)}$:长9砂体油气可充注量

致密砂岩　　物性好储集砂体　　油层　　水层　　油水层

剪切缝　　张性缝　　断层　　油气运移路径

图 8-4　红河油田长 9 油藏成藏模式

2. 有利勘探目标优选与建议

根据以上长 9 油层组油气富集模式，叠合长 7 油层组烃源岩分布、断裂(裂缝)分布、长 8 与长 9 油层组砂体分布等，通过优选可提出油气勘探开发有利区(蓝色)和次有利区(紫色)；这些区域主要分布于断裂发育、长 7 油层组烃源岩发育、长 9 油层组砂体发育、长 8 油层组砂体相对不发育的叠置区，从具体位置上看主要分布于红河 42 井区北部、HH15 井及 HH16 井沿北东－南西向的砂体条带和红河 55 井区及其东南方向的长 9 油层组砂体相对发育区、红河 37 井区西部及西北方向的长 9 油层组砂体相对发育区(如图 8-5)。

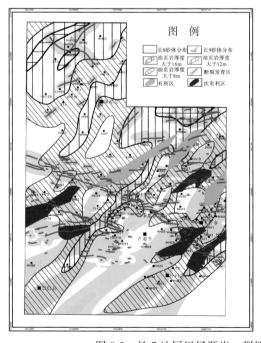
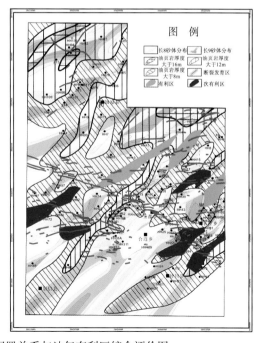

图 8-5　长 7 油层组烃源岩、裂缝配置关系与油气有利区综合评价图

二、鄂尔多斯盆地麻黄山西区中生界油藏勘探目标优选与建议

1. 油气富集及成藏模式

根据对鄂尔多斯盆地麻黄山西区延长组、延安组油气成藏条件、成藏组合等综合分析，建立了相应的各种成藏组合类型；将各种成藏类型进行归纳总结，建立了该区中生界油气成藏模式(如图 8-6)，成藏模式中反映的各种成藏类型和组合如下。

(1)烃源岩层内部自生自储型成藏组合。主要为长 7-6 油层组，主要存在透镜状封闭砂体、叠置或裂缝连通的不同砂体、西部构造发育区、东部鼻隆构造区几种类型。烃源岩大规模成熟期油气注入，可以形成透镜状含油砂体(图 8-6 中①)；这取决于流体的注入能量与砂体中水的排出能力，一旦注入力与砂体中地层压力达到平衡，这种注入作用即相对停止。流体(包括石油)可以通过裂缝进入砂体中而运移，如果连通的砂体是封闭的则能够形成岩性圈闭油藏(图 8-6 中②)，如果砂体与其他砂体叠置或通过裂缝连通，石油则通过运移向低势能区寻找圈闭，并聚集成藏。在研究区西部的构造发育区，连续砂体可以形成构造圈闭油藏(如摆宴井地区)(图 8-6 中③)；局部封闭岩性体也可以形成岩性圈闭油藏和构造岩性复合圈闭油藏等。如果封闭岩性透镜体可以形成岩性油藏，如果是相对连续砂体，或有裂缝连通的砂体则在鼻隆区砂体分布与构造等高线组合成岩性圈闭区，也可以形成岩性圈闭油藏。

(2)主力烃源岩顶部近源型成藏组合。主要指长 4+5 及部分长 3 油层组，主要存在裂缝连通的底部砂岩封闭透镜体、裂缝连通后砂岩叠置或由裂缝连通的砂层、不整合面下长 3 油层组砂岩圈闭等类型。由于垂直裂缝的连通作用使得部分底部砂岩透镜体与主力烃源岩连通，石油运移注入形成砂岩透镜体油藏(图 8-6 中④)。在裂缝沟通了烃源岩的基础上，如果砂体叠置连片后又通过裂缝沟通其他砂体而"连片"，石油则向低势能区运移进入圈闭成藏，一般在构造区或砂体分布与构造线组合形成的岩性圈闭分布区(图 8-6中⑤)。由于麻黄山西区垂直裂缝一般不穿透长 4+5 中上部厚层泥岩，因此在其上的长 3 层要捕集下伏长 6-7 主力烃源岩生成的石油，则通道必须是断层，只有当断层连通了烃源岩层与长 3 油层组不整合面，石油沿不整合面运移可以进入不整合面下的具有构造或地层圈闭的系统中形成油藏；当然不整合面的通道作用取决于其结构类型(周文等，2003)，长 3 油层组顶面不整合面具有通道不整合面的条件(图 8-6 中⑥)。当断层沟通了长 4+5 及长 3 油层组中的砂体，下部的石油在两种情况下可以运移进入砂体，一是沟通的砂体是封闭的，局部岩性体可以形成岩性油藏(图 8-6 中⑦)，二是如果砂层叠置连片或通过裂缝使近距离的砂体沟通连片，则石油沿砂体向低势能区运移，如在有构造圈闭或岩性分布与构造线组合形成的岩性圈闭区时形成集聚成藏(图 8-6 中⑧)。

(3)延长组上部及延安组远源次生型成藏组合。该组合因纵向上远离主力烃源岩，靠地层中的垂直裂缝也难以沟通烃源岩与延安组砂岩储集层。因此断层的垂向通道作用十分重要，在这些控藏断裂的作用下可形成断层连通"串珠状"砂体中的透镜状砂体、西部构造发育区、东部鼻隆构造区三类组合。由断层连通"串珠状"砂体中的透镜状砂体

如果在石油运移动力大于储层毛细管阻力时，石油则运移进入砂体成藏，当多个砂体处于连通状态，石油进入的砂体按最小阻力原则进行选择性注入（图 8-6 中⑨）。这种方式是不同于一般的石油差异集聚原理的，因此可以出现断层通道连通了砂体，但是因运移而来的石油流体量有限，储层相对其他砂体差，造成富集程度低，甚至不产石油为产水层的情况。因此对这类圈闭进行勘探要十分注意流体的识别问题，如果断层连通的砂体与其他砂体叠置相连或通过裂缝与相临砂层连通，这时石油要沿低势能方向运移进入合适圈闭成藏。研究区西部断层发育，南北向的西缘大型推覆逆断层可形成"通道断裂"或"沟源断裂"，在这些断裂沟通的断裂带砂体，其成藏条件与（1）所述相当，由于西部地区构造圈闭发育，因此构造油藏的成藏条件相对较好；另外在延 10 油层组底部存在不整合面，当不整合面成为运移通道后，在不整合面上部也可形成地层圈闭类型的古河道圈闭油藏（图 8-6 中⑩）。东部鼻隆构造区需要断层和裂缝沟通烃源岩，因此，独立砂岩透镜体是含水的。通过断裂连通后，砂体的叠置或相临砂体通过裂缝沟通，使得石油发生侧向运移，直到寻找到有利的圈闭集聚成藏。有利圈闭包括砂岩上倾尖灭体（图 8-6 中⑪）、古河道圈闭（图 8-6 中⑫）、疏导层附近砂岩透镜体（图 8-6 中⑬）、构造鼻与砂体分布构成的岩性圈闭（图 8-6 中⑧）等。

（4）延安组以上地层（直罗组）可能的远源次生型成藏组合。研究区直罗组由于勘探上未能有较大发现，所做工作较少，但从成藏的角度来看，存在沟通底部烃源岩的沟源断层和各层段中的沟通砂体的裂缝，再加上直罗组砂体发育，如果在砂体物性条件、圈闭条件有利的条件下很可能存在对应的油气藏类型（图 8-6 中⑭），因此应该在勘探过程中加以重视，可以在勘探下部地层延长组、延安组的同时兼顾加强对直罗组的勘探。

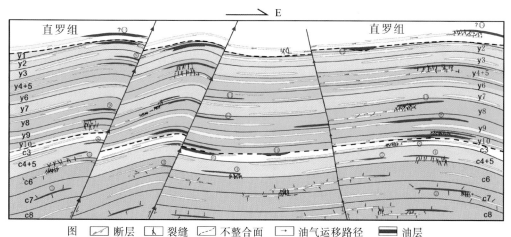

图 8-6　鄂尔多斯盆地麻黄山西区延长组、延安组油气成藏模式

2. 有利勘探目标优选与建议

对主要研究层段，通过将烃源岩分布、有利储集沉积相带分布、断层及裂缝分布、已勘探获得油气资料、构造资料等进行叠加分别对延安组延 4+5、延 6、延 7、延 8、延 9、延 10 油层组及延长组长 6 油层组等有利油气富集区进行优选（如图 8-7～图 8-13）。综

合优选结果将长 6、延 10、延 9、延 8、延 7、延 6、延 4＋5 等油层组优选的有利区进行叠加，然后按照下面的原则进行优选排序。

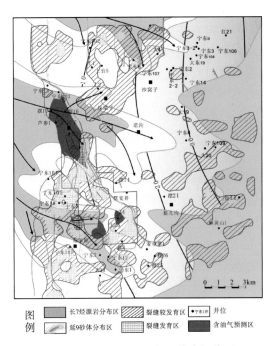

图 8-7　长 6 有利含油气区综合评价图

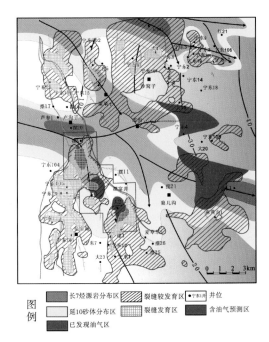

图 8-8　延 10 有利含油气区综合评价图

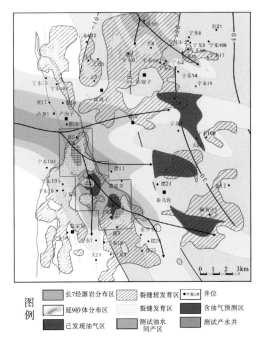

图 8-9　延 9 有利含油气区综合评价图

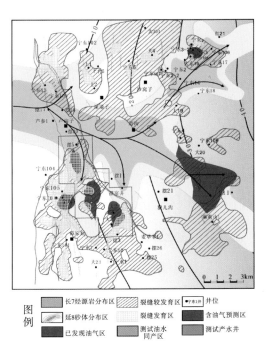

图 8-10　延 8 有利含油气区综合评价图

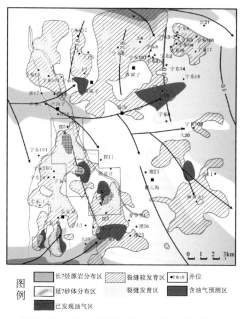

图8-11 延7有利含油气区综合评价图 　　图8-12 延6有利含油气区综合评价图

（1）有利区的叠置情况，叠置率越高越有利。

（2）构造或者构造岩性的组合关系，通过组合形成良好的岩性、构造、构造岩性复合等圈闭。

（3）物性的好坏，通过对比各区各层段的声波时差，该区物性差异程度可以通过声波时差230～240μs/m和大于240μs/m两个段进行粗略划分。

（4）烃源岩到有利区是否具备良好的通道（考虑垂向断层的沟通、不整合及叠置砂体的侧向沟通、层内及层间裂缝的沟通调整等）。

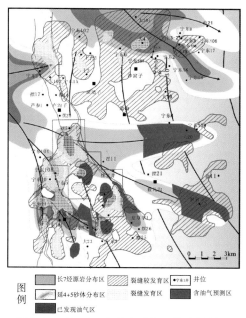

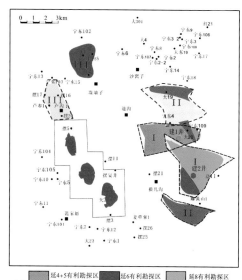

图8-13 延4+5有利含油气区综合评价图 　　图8-14 有利勘探区预测及勘探井位部署图

根据上述因素进行综合分析排序，确定出 6 个有利区，其中 2 个Ⅰ类有利区，2 个Ⅱ类有利区和 2 个Ⅲ类有利区，并确定了两口建议井位(如图 8-14)。

第二节　裂缝属性建模

在泌阳凹陷安棚深层系核桃园组裂缝研究基础上进行油藏地质建模，其中地层、构造、基质属性建模基于 Petrel 完成；而对于裂缝部分主要对其属性进行建模完成多重介质的建模工作，下面是关键裂缝属性参数的建模思路与过程。

1. 裂缝张开度模型建立

裂缝的张开度是指在受到区域构造应力、地层流体压力等作用力的合力下，裂缝的两个缝面之间的距离。根据曾联波等(2009)对研究区岩样裂缝张开度与围压的关系的研究(如图 8-15)，当围压小于 20MPa 时，裂缝张开度对围压的变化非常敏感，从超过 200μm 迅速下降到 100μm 以下；大于 20MPa 后，随着围压的增大，裂缝张开度减小速度变小，当围压大于 50MPa 后，随着围压增大裂缝张开度基本不变。整体上裂缝张开度和围压具有较好的半对数关系，所以在知道裂缝受到的净压力的情况下我们可以计算得到裂缝的张开度；按照该思路裂缝张开度模型的建立可通过以下几步完成。

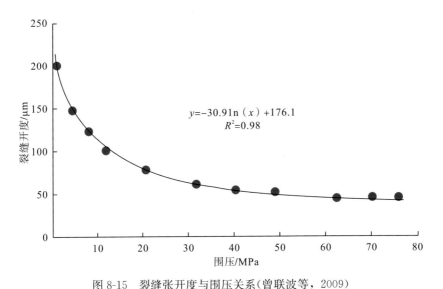

$$y = -30.9 \ln(x) + 176.1$$
$$R^2 = 0.98$$

图 8-15　裂缝张开度与围压关系(曾联波等，2009)

1)现今地应力模拟

现今地应力模拟的原理与方法与古应力场模拟一样这里不再叙述。现今地应力场模拟的结构模型和材料参数与古应力场模拟也一样。根据声发射测定的最大主应力大小，通过尝试调节边界应力条件，最终使井点上最大主应力值与声发射测定的最大主应力值相符(见表 8-1，图 8-16、图 8-17)。

表 8-1 现今地应力场模拟结果

井号	声发射测定 最大主应力/MPa	数值模拟 最大主应力/MPa	误差率/%
A84	58.1	59.5	2.40
A2012	59.1	58.8	−0.50
A2020	60.2	59.4	−1.30

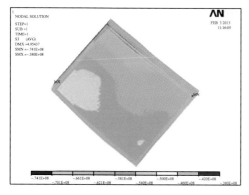

图 8-16 现今最大主应力分布模型

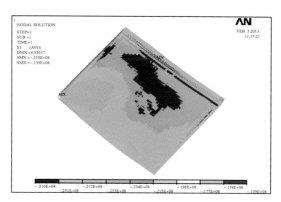

图 8-17 现今最小主应力分布模型

2) 裂缝张开度模型的建立

根据现今地应力场模拟的结果，结合裂缝张开度与净压力的函数关系，可以计算得到不同方向上的裂缝张开度，本次建模中我们将裂缝简化为东西向(EW)、北东向(NE)、南北向(SN)、北西向(NW)四个方向组系的裂缝。根据不同方向上裂缝所受到的正压力的大小，计算得到该方向上裂缝的张开度值(如图 8-18～图 8-21)。

东西向裂缝张开度分布主要区间为 64～66μm，北东向裂缝张开度分布主要区间为 72～75μm，南北向裂缝张开度分布主要区间为 56～59μm，北西向裂缝张开度分布主要区间为 51～54μm(如图 8-22～图 8-25)。

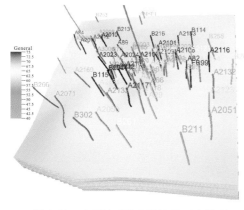

图 8-18 东西向(EW)裂缝张开度模型

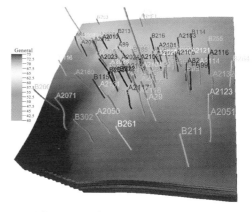

图 8-19 北东向(NE)裂缝张开度模型

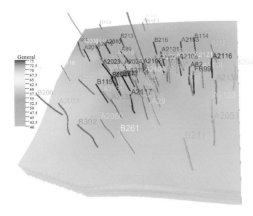

图 8-20　南北向（SN）裂缝张开度模型

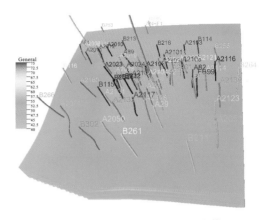

图 8-21　北西向（NW）裂缝张开度模型

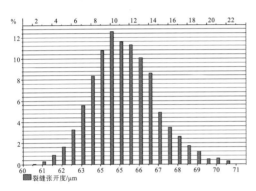

图 8-22　东西向（EW）裂缝张开度分布直方图

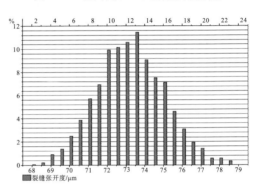

图 8-23　北东向（NE）裂缝张开度分布直方图

2. 裂缝孔隙度模型

地下裂缝孔隙度主要由裂缝密度和裂缝张开度确定，前面已经对裂缝密度的分布进行了计算，由于该裂缝密度是指单井垂向上各层的裂缝平均视密度，由于研究区裂缝以近垂直裂缝为主，且垂向上裂缝视密度的差异已经通过分层区别开来，所以在建模中对于同一层来说裂缝密度的差异主要是体现在横向上，即我们建立裂缝孔隙度模型时需要将垂向上裂缝视密度转化成横向上的裂缝视密度，根据该思路建立裂缝孔隙度如下：

$$\Phi_F = \varphi \times \lambda \times \tan\alpha \tag{8-1}$$

式中：Φ_F——裂缝孔隙度，%；

　　　φ——垂向上裂缝视密度，条/m；

　　　λ——裂缝张开度，10^{-5} m/条；

　　　α——裂缝倾角，（°）。

上式中垂向上裂缝视密度（φ）在第六章已经获得，裂缝张开度（λ）也已建立，裂缝倾角（α）取岩心观察统计得到的裂缝倾角平均值（81.56°）；最终建立的裂缝孔隙度模型见图 8-25～图 8-28。

从建立的裂缝孔隙度模型来看，ANHF1 井区东部裂缝孔隙度较高，主要分布在 0.15%～0.35%；西部裂缝孔隙度较低，一般小于 0.075%。ANS3-1HF 井区裂缝孔隙度东部较高，尤以东北部最为发育，主要分布在 0.12%～0.25%；西南部埋藏较深的地区裂缝孔隙度最低，一般低于 0.06%。

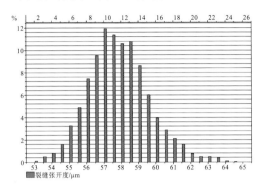

图 8-24　南北向(SN)裂缝张开度分布直方图

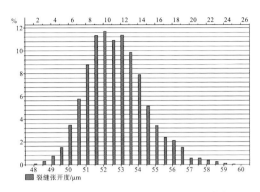

图 8-25　北西向(NW)裂缝张开度分布直方图

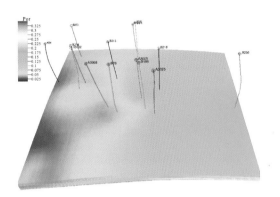

图 8-25　ANHF1 井区裂缝孔隙度模型

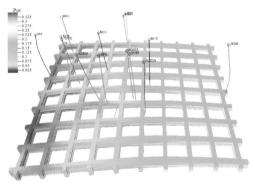

图 8-26　ANHF1 井区裂缝孔隙度栅状图

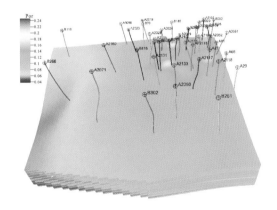

图 8-27　ANS3-1HF 井区裂缝孔隙度模型

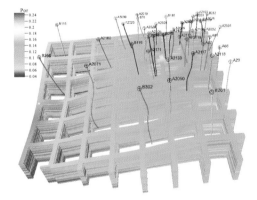

图 8-28　ANS3-1HF 井区裂缝孔隙度栅状图

3. 裂缝渗透率模型

根据 van Goef-Racht 等(1981)提出的裂缝渗透率和裂缝孔隙度的关系，推导得到如下裂缝渗透率计算公式。

$$K_F = \frac{\Phi_F \times \lambda^2}{12} \tag{8-2}$$

式中：K_F—裂缝渗透率，μm^2；

$\quad$ Φ_F—裂缝孔隙度，%；

$\quad$ λ—裂缝张开度，$10^3 \mu m$。

根据以上公式，可建立东西向（EW）、北东向（NE）、南北向（SN）、北西向（NW）裂缝渗透率模型，再将这四个方向上裂缝渗透率值投影到 i、j 两个方向，最终建立起 i、j 两个方向上的裂缝渗透率模型（如图 8-29～图 8-36）。

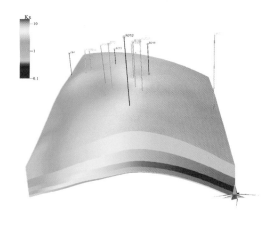
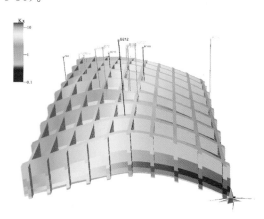

图 8-29　ANHF1 井区 i 方向裂缝渗透率模型　　　图 8-30　ANHF1 井区 i 方向裂缝渗透率栅状图

对比所建立的各方向上的渗透率模型可见，i 方向上的裂缝渗透率明显高于 j 方向上的裂缝渗透率。ANHF1 井区模型中，i 方向上裂缝渗透率主要分布在 $2～20 \mu m^2$，峰值在 $8 \mu m^2$ 左右，平均值为 $7 \mu m^2$，j 方向上裂缝渗透率主要分布在 $0.5～4 \mu m^2$，峰值在 $2.2 \mu m^2$ 左右，平均值为 $2 \mu m^2$。ANS3-1HF 井区模型中，i 方向上裂缝渗透率主要分布在 $1.3～7.7 \mu m^2$，峰值在 $6.5 \mu m^2$ 左右，平均值为 $5 \mu m^2$；j 方向上裂缝渗透率主要分布在 $0.8～2.4 \mu m^2$，峰值在 $1.9 \mu m^2$ 左右，平均值为 $2 \mu m^2$。

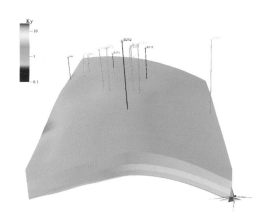

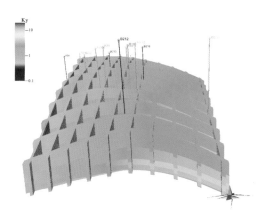

图 8-31　ANHF1 井区 j 方向裂缝渗透率模型　　　图 8-32　ANHF1 井区 j 方向裂缝渗透率栅状图

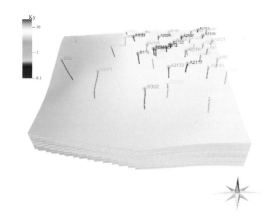

图 8-33　ANS3-1HF 井区 i 方向
裂缝渗透率模型

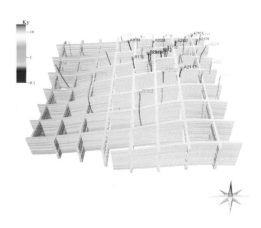

图 8-34　ANS3-1HF 井区 i 方向
裂缝渗透率栅状图

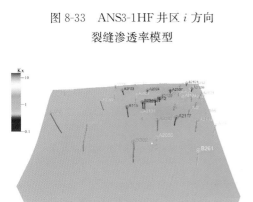

图 8-35　ANS3-1HF 井区 j 方向
裂缝渗透率模型

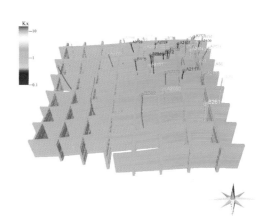

图 8-36　ANS3-1HF 井区 j 方向
裂缝渗透率栅状图

参 考 文 献

毕海龙，周文，谢润成，等. 2012. 川西新场地区须二气藏天然裂缝分布综合预测及评价(上)[J]. 物探化探计算技术，34(6)：713-716.

毕海龙，周文，谢润成，等. 2013. 川西新场地区须二气藏天然裂缝分布综合预测及评价(下)[J]. 物探化探计算技术，35(1)：713-716.

陈立官，陆正元，夏先禹，等. 1991. 川中香溪群中与差异压实作用有关的非构造缝储层[J]. 成都地质学院学报，12(1)：120-123.

大港油田石油地质志编辑委员会. 1991. 中国石油地质志[M]. 北京：石油工业出版社.

邓虎成，周文. 2009. 鄂尔多斯盆地麻黄山地区延长组及延安组裂缝控制因素分析[J]. 内蒙古石油化工，37(14)：116-119.

邓虎成，周文，黄婷婷，等. 2009. 鄂尔多斯盆地麻黄山地区侏罗系延安组裂缝分布综合评价[J]. 桂林理工大学学报，29(2)：229-235.

邓虎成，周文，姜文利，等. 2009. 鄂尔多斯盆地麻黄山西区块延长、延安组裂缝成因及期次[J]. 吉林大学学报：地球科学版，39(5)：811-817.

邓虎成，周文，梁峰，等. 2009. 基于常规测井进行裂缝综合识别——以鄂尔多斯盆地麻黄山地区延长组、延安组裂缝为例[J]. 大庆石油地质与开发，28(6)：315-319.

邓虎成，周文，彭军，等. 2010. 鄂尔多斯麻黄山地区裂缝与油气成藏关系[J]. 新疆地质，28(1)：81-85.

邓虎成，周文，周秋媚，等. 2013. 新场气田须二气藏天然裂缝有效性定量表征方法及应用[J]. 岩石学报，29(3)：1087-1097.

傅强. 2002. 裂缝性基岩油藏的石油地质动力学[M]. 北京：地质出版社.

高尔夫-拉特. 1989. 裂缝油藏工程基础[M]. 北京：石油工业出版社.

郭大立，曾晓慧，赵金洲，等. 2005. 垂直裂缝井试井分析模型和方法[J]. 应用数学和力学，26(5)：527-533.

何鹏，王允诚，刘树根，等. 1999. 九龙山气田须二下亚段气藏裂缝的多信息叠合评价[J]. 成都理工大学学报，26(3)：225-227.

何雨丹，魏春光. 2007. 裂缝型油气藏勘探评价面临的挑战及发展方向[J]. 地球物理学进展，22(2)：537-543.

胡永章，王洪辉，周文，等. 2003. 楚雄盆地北部 T3-J 致密储层裂缝分布规律[J]. 成都理工大学学报：自然科学版，30(6)：570-575.

黄辉，周文. 2002. 川西洛带构造蓬莱镇气藏水力压裂缝特征分析[J]. 矿物岩石，22(1)：71-74.

赖生华，麻建明，周文，等. 2005. 波河罗构造上三叠统普家村组裂缝综合评价[J]. 天然气工业，25(8)：15-17.

赖生华，余谦，周文，等. 2004. 楚雄盆地北部上三叠统—侏罗系裂缝发育期次[J]. 石油勘探与开发，31(5)：25-29.

李汉武，陶晓风. 2010. 蒲江地区熊坡断层特征及活动性研究[J]. 四川地质学报，30(4)：383-385.

李毓，王洪辉，李楠，等. 2005. 川西坳陷中部现今地应力纵向分布规律研究及应用[J]. 天然气工业，25(11)：43-44.

李毓，王洪辉，李楠，等. 2007. 塔巴庙上古储层高角度裂缝测井识别及分布特征研究[J]. 成都理工大学学报：自然科学版，34(2)：170-173.

李忠平. 2014. 深层致密砂岩气藏裂缝特征描述、识别及分布评价[D]. 成都：成都理工大学.

刘成斋. 2003. 泥岩裂缝预测理论与实践[M]. 合肥：中国科学技术大学出版社.

刘建中. 2008. 油气田储层裂缝研究[M]. 北京：石油工业出版社.

柳智利，秦启荣，王志萍，等. 2010. 川西 DY 构造须家河组致密砂岩储层裂缝有效性分析[J]. 重庆科技学院学报：

自然科学版，19(5)：38-41.

罗桂滨. 2008. 鄂尔多斯西部麻黄山延长组储层裂缝评价[D]. 成都：成都理工大学.

马旭杰，周文，唐瑜，等. 2013. 川西新场地区须家河组二段气藏天然裂缝形成期次的确定[J]. 天然气工业，33(8)：15-19.

宋文燕，秦启荣，苏培东，等. 2010. 十屋油田裂缝发育与分布的主控因素研究[J]. 岩性油气藏，22(S1)：44-48.

苏瑷. 2011. 新场地区须二段裂缝识别及分布评价[D]. 成都：成都理工大学.

童亨茂，钱祥麟. 1994. 储层裂缝的研究和分析方法[J]. 石油大学学报：自然科学版，18(6)：14-20.

王勃力，周文，邓虎成，等. 2013. 鄂尔多斯盆地红河油田长9段裂缝分布定量评价[J]. 新疆石油地质，34(6)：653-656.

王仁. 1979. 地球构造动力学简介[J]. 力学与实践，10(1)：32-33.

王晓，周文，王洋，等. 2011. 新场深层致密碎屑岩储层裂缝常规测井识别[J]. 石油物探，50(6)：634-638.

王莹，张克银，甘其刚，等. 2015. 四川盆地西部新场地区上三叠统须家河组二段构造裂缝的分布规律[J]. 地质学刊，39(4)：543-551.

王喻，张冲，谢润成，等. 2015. 元坝致密砂岩须二储层裂缝特征及识别研究[J]. 石油地质与工程，29(3)：129-131.

文世鹏，李德同. 1996. 储层构造裂缝数值模拟技术[J]. 中国石油大学学报：自然科学版，41(5)：17-24.

吴拥政. 2004. 重标极差法及其应用[J]. 统计与决策，20(8)：23-24.

肖睿，邓虎成，彭先锋，等. 2015. 基于古应力场模拟的多期区域构造裂缝分布预测评价技术——以中国泌阳凹陷安棚油田为例[J]. 科学技术与工程，15(30)：97-105.

谢润成. 2006. 川西坳陷中段致密砂岩气藏压裂效果评价[D]. 成都：成都理工大学.

徐浩，谢润成，杨松，等. 2015. 新场气田须五段岩石力学参数特征及测井解释[J]. 科学技术与工程，15(8)：17-22.

杨艺，周文，雷涛，等. 2012. 鄂尔多斯盆地镇泾长8段裂缝特征与分布[J]. 大庆石油地质与开发，31(2)：43-47.

姚军，赵秀才，衣艳静，等. 2005. 数字岩心技术现状及展望[J]. 油气地质与采收率，12(6)：52-54.

于红枫，王英民，周文. 2006. 川西坳陷松华镇—白马庙地区须二段储层裂缝特征及控制因素[J]. 中国石油大学学报：自然科学版，30(3)：17-21.

于红枫，周文. 2001. 松华镇—白马庙地区须二段储层裂缝分布规律[J]. 成都理工学院学报，28(2)：174-178.

曾锦光，罗元华，陈太源. 1982. 应用构造面主曲率研究油气藏裂缝问题[J]. 力学学报，27(2)：202-206.

曾联波，王正国，肖淑蓉，等. 2009. 中国西部盆地挤压逆冲构造带低角度裂缝的成因及意义[J]. 石油学报，30(1)：56-60.

翟秋敏. 2011. 坝上高原安固里淖全新世湖泊沉积与环境[M]. 北京：科学出版社.

张冲，谢润成，周文，等. 2014. 川东北元坝地区须三段致密储集层裂缝特征[J]. 新疆石油地质，35(4)：395-398.

张达尊，杜文健. 1987. 构造地质学[M]. 北京：石油工业出版社.

张娟. 2010. 镇泾地区长8段裂缝发育特征及其与开发关系[D]. 成都：成都理工大学.

张娟，周文，邓虎成，等. 2009. 麻黄山地区延安组、延长组储层裂缝特征及识别[J]. 岩性油气藏，21(4)：53-57.

周家尧. 1991. 裂缝性油气藏勘探文集[M]. 北京：石油工业出版社.

周文. 1993. 由构造变形历史评价中坝构造须二段有效裂缝分布[J]. 天然气工业，13(4)：23-28.

周文. 1998. 裂缝性油气储集层评价方法[M]. 成都：四川科学技术出版社.

周文，高雅琴，单钰铭，等. 2008. 川西新场气田沙二段致密砂岩储层岩石力学性质[J]. 天然气工业，28(2)：34-37.

周文，林家善，张银德，等. 2008. 镇泾地区曙光油田延长组构造裂缝分布评价[J]. 石油天然气学报，30(5)：1-4.

周文，闫长辉，王洪辉，等. 2003. 泌阳凹陷安棚油田核三段储层天然裂缝特征研究[J]. 矿物岩石，23(3)：57-60.

周文，张银德，王洪辉，等. 2008. 楚雄盆地北部 T3-J 地层天然裂缝形成期次确定[J]. 成都理工大学学报：自然科学版，35(2)：121-126.

朱林. 2012. 新场须二气藏裂缝特征及分布评价[D]. 成都：成都理工大学.

朱晓华，王建，陆娟. 2001. 关于地学中分形理论应用的思考[J]. 南京师大学报：自然科学版，24(3)：93-98.

Barker L M，Leslie W C. 1978. Short rod kic tests of several steels at temperatures to 700k-The Physical Metallurgy of Fracture[J]. Physical Metallurgy of Fracture，305-311.

Deines P. 1977. On the oxygen isotope distribution among mineral triplets in igneous and metamorphic rocks[J]. Geochimica Et Cosmochimica Acta，41(12)：1709-1730.

Dickson J A D，Coleman M L. 1980. Changes in carbon and oxygen isotope composition during limestone diagenesis [J]. Sedimentology，27(1)：107-118.

Epstein S，Thompson P，Yapp C J. 1977. Oxygen and hydrogen isotopic ratios in plant cellulose[J]. Science，198 (4323)：1209-15.

Goodman N R. 1963. Statistical analysis based on a certain multivariate complex gaussian distribution (an introduction) [J]. Annals of Mathematical Statistics，34(1)：152-177.

Horibe Y，Oba T. 1972. Temperature scales of aragonite-water and calcite-water systems[J]. Fossils，23(24)：69-79.

Jenkins C，Ouenes A，Zellou A，et al. 2009. Quantifying and predicting naturally fractured reservoir behavior with continuous fracture models[J]. AAPG bulletin，93(11)：1597-1608.

Murry H F. 1966. Generation of random numbers from natural fluctuation phenomena[D]. Kansas：University of Kansas.

Nelson R A. 1985. Returns to scale from variable and total cost functions：evidence from the electric power industry [J]. Economics Letters，18(2)：271-276.

Sibbit A M，Faivre O. 1985. The dual laterolog response in fractured rocks[C]//SPWLA 26th Annual Logging Symposium. Society of Petrophysicists and Well-Log Analysts.

Stearns D W，Friedman M. 1972. Reservoirs in fractured rock：geologic exploration methods[J]. American Association of Petroleum Geologists，10：82-106.

Tucker M E，Bathurst R G C. 1980. Changes in carbon and oxygen isotope composition during limestone diagenesis [J]. Sedimentology，27(1)：107-118.

van Golf-Racht T，Stewart G，Wittmann M J. 1981. The application of the repeat formation tester to the analysis of naturally fractured reservoirs[C]//SPE Annual Technical Conference and Exhibition. Society of Petroleum Engineers.